大学计算机应用基础上机实践

主编　穆晓芳　尹志军

北京邮电大学出版社
www.buptpress.com

内容简介

《大学计算机应用基础上机实践》是与《大学计算机应用基础》配套的上机操作指导。本书从键盘及指法训练、Windows 10 的基本操作、Word 的基本操作、Excel 2019 的基本操作和 PowerPoint 2019 的基本操作五大方面来组织内容，学生可以按照《大学计算机应用基础》和本书中的指导进行上机操作。本书有效融入思政元素，潜移默化中对学生的思想引领和价值引导起到一定的作用。

本书可作为高等院校非计算机专业学生计算机公共课的教材，也可作为参加计算机考试的培训教材，还可供不同层次从事办公自动化文字工作者学习、参考。

图书在版编目(CIP)数据

大学计算机应用基础上机实践 / 穆晓芳，尹志军主编. -- 北京 : 北京邮电大学出版社，2022.1(2024.1 重印)
ISBN 978-7-5635-6597-9

Ⅰ. ①大… Ⅱ. ①穆… ②尹… Ⅲ. ①电子计算机—高等学校—教学参考资料 Ⅳ. ①TP3

中国版本图书馆 CIP 数据核字(2021)第 274719 号

策划编辑：彭怀洲　刘蒙蒙　　**责任编辑**：廖　娟　　**封面设计**：七星博纳

出版发行：北京邮电大学出版社
社　　址：北京市海淀区西土城路 10 号
邮政编码：100876
发 行 部：电话：010-62282185　传真：010-62283578
E-mail：publish@bupt. edu. cn
经　　销：各地新华书店
印　　刷：保定市中画美凯印刷有限公司
开　　本：787 mm×1 092 mm　1/16
印　　张：10.5
字　　数：258 千字
版　　次：2022 年 1 月第 1 版
印　　次：2024 年 1 月第 3 次印刷

ISBN 978-7-5635-6597-9　　定价：38.00 元

前　言

本书根据教育部非计算机专业计算机基础课程教学指导委员会提出的《关于进一步加强高校计算机基础教学的几点意见》中有关“大学计算机基础”课程教学要求，纳入了《全国计算机等级考试大纲》规定的相关内容，考虑了当前学生的实际情况和社会需求，结合太原师范学院“大学计算机基础”课程一线教师多年的教学经验编写而成，具有非常强的针对性和实用性。

由于之前的“大学计算机基础”课程教材内容枯燥，实操性不强，已无法满足信息时代下高等院校大学生的计算机学习需求。基于此，编者一致认为，要在教材编写过程中融入思政课程的内容，通过日常化的思政教育，帮助大学生树立正确的人生观和价值观，潜移默化地影响其思想和行为，实现思政教育的教学目的。这也是本教材的一大亮点。

我们确立了基于思政教育的“大学计算机基础”课程目标：培养具有崇高的理想、过硬的计算机知识和本领、复兴民族大业的情怀和担当精神的“社会主义时代新人”。这是新时代党和国家对青年一代培养目标的最新定位，是处在中国特色社会主义新时代历史阶段的最新表达。

在教学过程中，教师会引导学生文明上网，规范上网，使学生能够自我管理，以饱满的精神状态进行学习。同时，在教学中让学生知道我国科学家在中国共产党的领导下刻苦钻研，克服了一个又一个的困难，创造出属于我们的民族品牌，让学生对我国未来科技的发展充满自信，激励学生在自己的领域不断追求进步。在实际案例中，让学生了解我国计算机发展过程中国家地位的变化，提高学生的民族自豪感。在实验中，通过安装适合的国产软件让学生更多地了解和使用国产软件，熟悉其特征，增强学生“软件国产化”信心，确立现在是学习和使用者，将来一定要成为国产软件创建者的学习目标。

我们在将计算机理论内容与思政内容进行关联性建设的同时，搜集丰富而优秀的思政教育相关素材，包括图片、文字、音频和视频，借助这些素材，安排“大学计算机基础”课程的实验作业，包括 Word 图文设计排版，Excel 数据管理，PPT 演示文稿、多媒体、网络以及网页设计。

本书由穆晓芳、尹志军主编。其中，穆晓芳对全书进行了统稿和审稿。本书实验 1 由成海编写，实验 2 和实验 3 由陈三丽编写，实验 4 由胡涛涛编写，实验 5 由尹志军编写，实验 6、实验 7 和实验 8 由屈明月编写，实验 9、实验 10 和实验 11 由孟春岩编写，实验 12 由田野编写，实验 13 由赵伟编写。计算机系陈桂芳教授等多位老师在课程思政建设和本书编写的过程中提出了许多宝贵意见和建议，在此一并表示感谢。

由于作者水平有限，错误和不足之处在所难免，恳请读者批评指正。

编　者

目　录

实验 1　键盘及指法训练 …… 1

1.1　实验目的 …… 1

1.2　实验内容 …… 1

实验 2　Windows 10 的基本操作 …… 9

2.1　实验目的 …… 9

2.2　实验内容 …… 9

实验 3　Windows 10 的文件操作 …… 30

3.1　实验目的 …… 30

3.2　实验内容 …… 30

实验 4　常用的网络操作 …… 52

4.1　实验目的 …… 52

4.2　常用的网络命令 …… 52

4.3　Internet Explorer 9 的使用 …… 55

4.4　申请和使用电子邮箱 …… 57

4.5　信息检索 …… 59

4.6　实验作业 …… 61

实验 5　Word 基本操作 …… 62

5.1　实验目的 …… 62

5.2 实验内容…… 62
5.3 实验作业…… 73

实验 6 Word 表格制作 …… 76

6.1 实验目的…… 76
6.2 实验内容…… 76
6.3 实验作业…… 83

实验 7 Word 图文混排 …… 85

7.1 实验目的…… 85
7.2 实验内容…… 85
7.3 实验作业…… 89

实验 8 长文档排版及邮件合并 …… 90

8.1 实验目的…… 90
8.2 实验内容…… 90

实验 9 Excel 2019 基本操作 …… 102

9.1 实验目的 …… 102
9.2 实验内容 …… 102
9.3 实验作业 …… 107

实验 10 Excel 2019 公式、函数和数据分析 …… 111

10.1 实验目的…… 111
10.2 实验内容…… 111
10.3 实验作业…… 122

实验 11 中国和美国历年 GDP 总量数据比较 …… 124

11.1 实验目的…… 124

11.2 实验内容 …… 124
11.3 实验作业 …… 128

实验 12 PowerPoint 2019 …… 129

12.1 实验目的 …… 129
12.2 实验内容 …… 129
12.3 实验作业 …… 137

实验 13 综合应用 …… 139

13.1 Word 综合练习 …… 139
13.2 Word 综合练习参考答案 …… 141
13.3 Excel 综合练习 …… 146
13.4 Excel 综合练习参考答案 …… 148
13.5 PowerPoint 综合练习 …… 154
13.6 PowerPoint 综合练习参考答案 …… 155

实验1　键盘及指法训练

1.1　实验目的

（1）熟悉键盘上各个按键的布局、使用，以及功能键和组合键的作用。

（2）熟悉键盘的操作规程和指法操作，最终实现“盲打”。

（3）掌握鼠标的使用。

1.2　实验内容

1. 认识键盘

键盘是最常用的也是最基本的输入设备，通过键盘可以把英文字母、数字、中文文字、标点符号等输入计算机，从而可以对计算机发出指令，输入数据。

以标准键盘为例，通常由五部分组成：主键盘区、数字键区、功能键区、控制键区及状态指示区，如图1-1所示。

图1-1　键盘分区

（1）主键盘区。该区是键盘操作的主要区域，包括26个英文字母键、10个数字键、空格键、回车键和一些特殊功能键（如图1-2所示），特殊功能键介绍如下。

Backspace：退格键。用于删除光标前的一个字符或选取的一块字符。

Enter：回车键。用于结束一个命令或换行（回车键换行表示一个自然段的结束）。

Tab：制表键。用于移动定义的制表符长度。

Caps Lock：大写字母锁定键。这是一个开关键，只对英文字母起作用。该键用于控制Caps Lock指示灯，当Caps Lock指示灯亮起时，单击字母键输入的是大写字母，在这种情况下不能输入中文；当 Caps Lock 指示灯不亮时，单击字母键输入的是小写字母。

图 1-2　主键盘区

Shift：上档键。在打字区的数字键和一些字母键上都印有上、下两个字符，直接按这些键时输入下面的字符。使用 Shift 键是输入上档符号或进行大小写切换，Shift 键在打字区左右各有一个，左手和右手都可以按此键。

Ctrl 和 Alt：控制键和转换键。它们在打字键区左右各有一个，不能单独使用，只有配合其他键才起作用(如热启动)。Ctrl 键和 Alt 键的组合结果取决于使用的软件。

Esc：取消或退出键。用于取消某一操作或退出当前状态。

(2) 数字键区。数字键区在键盘最右边，共有 17 个键，主要是方便输入数据；另外，还有编辑和光标移动控制功能。

数字键区一般用于输入大量数字和运算符，如图 1-3 所示。在数字键区，Num Lock 键用于控制 Num Lock 指示灯，Num Lock 指示灯亮起时，小键盘才可以输入数字；Num Lock 指示灯不亮时，小键盘上的 2、4、6、8 键则为控制光标移动的键。

(3) 功能键区。F1～F12 功能键的作用是将一些常用的命令功能赋予某个功能键。

在计算机系统中，这些键的功能由操作系统或应用程序所定义，在不同的软件中，功能可能不一样。下面列举的是功能键中一些常见的功能。

F1：帮助。

F2：文件夹重命名。

F3：搜索文件夹。

F4：打开地址栏列表。

F5：刷新。

F6：定位地址栏。

F7：在 Windows 中没有任何作用，不过在 DOS 窗口中，它是有作用的。

F8：调出启动顺序。

F9：在 Windows 中没有任何作用，但在 Windows Media Player(播放器)中可以用来快速降低音量。

F10：用来激活 Windows 或程序中的菜单，按下“Shift+F10”组合键会出现右键快捷菜单。而在 Windows Media Player 中，它的功能是提高音量。

F11：全屏显示。

F12：另存为。

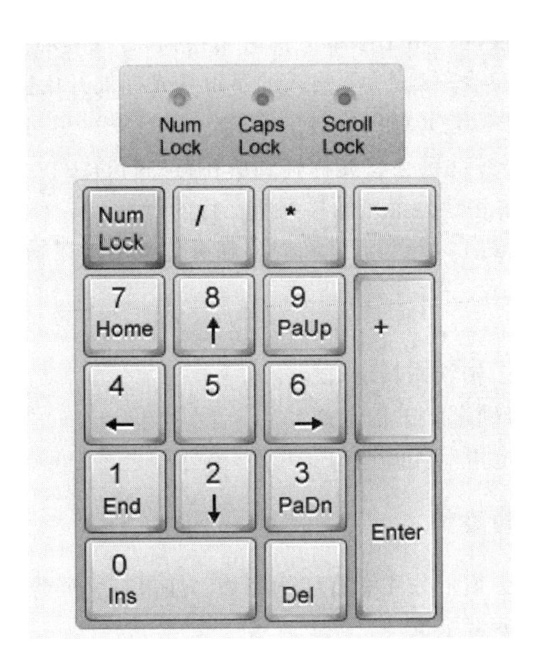

图 1-3　数字键区

(4) 控制键区。操作编辑控制键区分为三部分,最上面的三个键称为控制键,中间六个键称为编辑键,下面四个键称为光标移位键(如图 1-4 所示)。各键功能如下。

Print Screen:打印屏幕键,用于将屏幕上的所有信息传送到打印机输出,或者保存到内存中用于再存数据的剪贴板中,用户可以从剪贴板中把内容粘贴到指定的文档中。

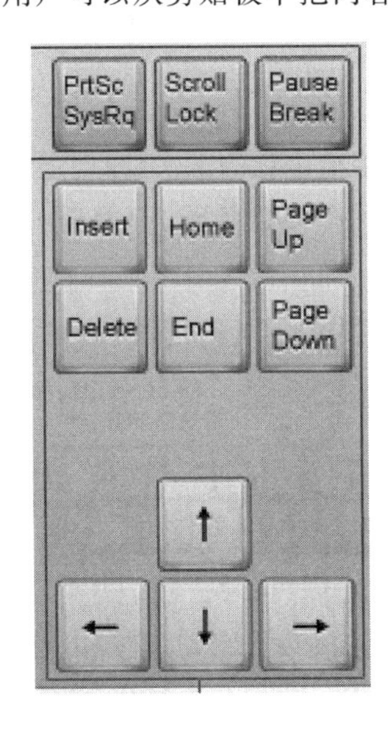

图 1-4　控制键区

Scroll Lock:滚动屏幕滚动锁定键。用于控制屏幕的滚动,该键在现在的软件中很少用到。

Pause/Break。暂停键,用于暂停正在执行的程序或停止屏幕滚动。

Insert：插入/改写转换键。用于编辑文档时切换插入/改写状态。若在插入状态下，输入的字符插在光标前；若在改写状态下，输入的字符从光标处开始覆盖。

Delete：删除键。用于删除光标所在处的字符。

Home：在编辑状态下按此键会将光标移到所在行的行首。

End：在编辑状态下按此键会将光标移到所在行的行尾。

Page Up 和 Page Down：向上翻页键和向下翻页键。用于在编辑状态下，使屏幕向上或向下翻一页。

（5）状态指示区。

Num Lock：数字/编辑锁状态指示灯。

Caps Lock：大写字母锁定状态指示灯。

Scroll Lock：滚动锁定指示区。

2. 键盘操作的正确姿势

在初学键盘操作时，必须十分注意打字的姿势。如果打字姿势不正确，就不能准确快速地输入，也容易让人感到疲劳。

正确的姿势应做到：

（1）坐姿端正，腰部挺直，肩部放松，两脚自然平放于地面。

（2）手腕平直，两肘微垂，轻轻贴于腋下，手指弯曲自然适度，轻放在基本键上。

（3）原稿放在键盘左侧，显示器放在打字键的正后方，视线要投注在显示器上，不可常看键盘，以免视线一往一返，增加眼睛的疲劳。

（4）应将座椅调至合适的高度，以便于手指击键。

3. 基本键盘指法

键盘指法是指如何运用十个手指击键的方法，即规定每个手指负责敲击哪些键位，以充分发挥十个手指的作用，并实现不看键盘地输入（盲打），从而提高击键的速度，如图 1-5 所示。

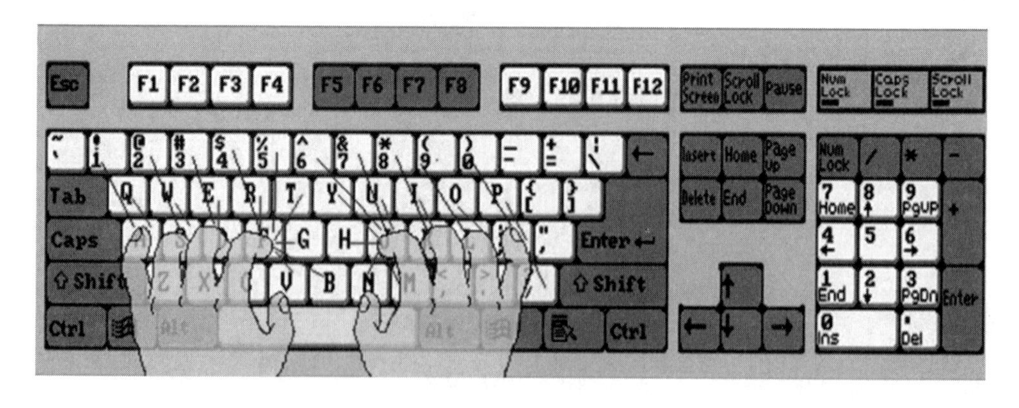

图 1-5 键位图

（1）键位及手指分工。打字键区是最常用的键区，通过该键区，可实现各种文字和控制信息的录入。打字键区的正中间有 8 个基本键，即左边的“A、S、D、F”键，右边的“J、K、L、；”

键，其中的“F、J”键上都有一个凸起的小横杠，以便于盲打时手指能通过触觉定位，如图 1-6 所示。

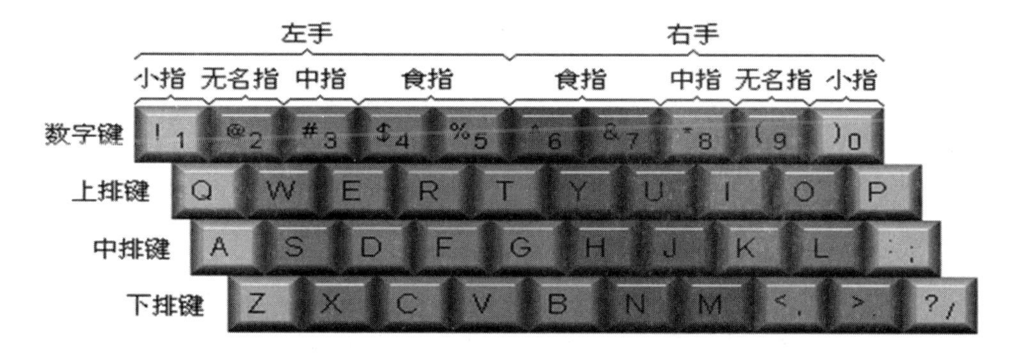

图 1-6 键盘指法

开始打字前，左手小指、无名指、中指和食指应分别虚放在“A、S、D、F”键上，右手的食指、中指、无名指和小指应分别虚放在“J、K、L、；”键上，两个大拇指则虚放在空格键上。基本键是打字时手指所处的基准位置，敲击其他任何键，手指都是从这里出发，而且打完后又应立即退回到对应的基本键位。

其他键的手指分工是左手食指负责的键位有“4、5、R、T、F、G、V、B”8 个键，中指负责“3、E、D、C”4 个键，无名指负责“2、W、S、X”4 个键，小指负责“1、Q、A、Z”4 个键及其左边的所有键位；右左手食指负责“6、7、Y、U、H、J、N、M”8 个键，中指负责“8、I、K、，”4 个键，无名指负责“9、O、L、.”4 个键，小指负责“0、P、；、/”4 个键及其右边的所有键位。通过划分，整个键盘的手指分工就一清二楚了，敲击任何键，只需要把手指从基本键位移到相应的键上，正确输入后，再返回基本键位即可。

（2）正确的击键方法。打字时，全身要自然放松，胸部挺起并略微前倾，双臂自然靠近身体两侧，两手位于键盘的上方，且与键盘横向垂直，手腕抬起，十指略向内弯曲，自然地虚放在对应的键位上面。

另外，打字时不要看键盘，特别是不能边看键盘边打字，而要学会盲打。很多初学者因记不住键位，往往忍不住看着键盘打字，一定要避免这种情况，实在记不起，可先看一下，然后移开眼睛，再按指法要求键入。只有这样，才能逐渐做到凭手感而不是凭记忆去体会每一个键的准确位置。

还要严格按规范运指，既然各个手指已分工明确，就得各司其职，不要越权代劳，一旦敲错了键，或是用错了手指，一定要用右手小指击打退格键，重新输入正确的字符。

掌握了正确的操作姿势和击键方法。初学者要做到：

① 各手指要放在基本键位上，打字时，每个手指只负责相应的键位，不可混淆。

② 打字时，一只手击键，另一只手必须在基本键位上处于预备状态。

③ 手腕平直，手指弯曲自然，击键只限于手指指关节，身体其他部分不得接触工作台或键盘。

④ 击键时，手抬起，只有要击键的手指才可伸出击键，不可压键或按键。击键之后，手指要立刻回到基本键位上，不可停留在已击的键位上。

⑤ 击键速度要均匀，用力要轻，有节奏感，不可用力过猛。

⑥ 初学打字时，首先讲求击键准确率，其次追求速度；初练时可每秒钟击键一次。

（3）训练方法。打字是一种技术，只有通过大量的打字训练才可能熟记各键的位置，从而实现盲打（不看键盘的输入）。经过大量实践，发现以下方法是有效的：

① 步进式练习。首先针对基本键“A、S、D、F”及“J、K、L；”做一批练习；然后加上“E、I”键做一批练习；补齐基本行的“G、H”键，再做一批练习；最后依次加上“R、T、U、Y 键”→“．、，、>、<”键→“W、Q、M、N”键→“C、X、Z、？”键进行练习。

② 重复式练习。练习时可选择一些英文词句或短文，反复练习，并记录自己完成的时间。

③ 强化式练习。对一些弱指负责的键要进行针对性的练习，如小指、无名指等。

④ 坚持训练盲打。在训练打字过程中，应先讲求准确地击键，而不要贪图速度。一开始，键位记不准，可稍看键盘，但不可总是偷看键盘。经过一定时间的训练，应达到不看键盘也能准确击键的程度。

以上训练方法，可借用“金山打字”等软件辅助进行。

4. 鼠标操作

（1）单击左键。将鼠标指针指向要操作的对象，单击鼠标左键后立即释放，会选定鼠标指针所指内容。一般情况下若无特殊说明，单击操作均指单击左键。

（2）单击右键。将鼠标指针指向要操作的对象，单击鼠标右键后立即释放，会打开鼠标指针所指内容的快捷菜单。

（3）双击左键。将鼠标指针指向要操作的对象，快速单击鼠标左键两次。双击操作一般用于启动一个应用程序、打开一个文件及文件夹或打开一个窗口等操作。单击左键选定鼠标指针下面的内容，然后按回车键的操作与双击左键的作用一样。若双击鼠标左键之后没有反应，说明两次单击的速度不够迅速。

（4）移动。不按鼠标的任何键移动鼠标，鼠标指针在屏幕上相应移动。

（5）拖动（拖曳）。鼠标指针指向要操作的对象，按住鼠标左键的同时移动鼠标至目的位置，然后释放鼠标左键。

（6）与键盘组合。①鼠标左键与 Ctrl 键组合，常用于选定不连续的多个文件或文件夹。操作方法是：单击一个要选择的对象，按住 Ctrl 键，然后用鼠标单击其他要选择的对象。②鼠标左键与 Shift 键组合，常用于选定连续的多个文件或文件夹。操作方法是：单击第一个要选择的对象，鼠标指针移动到要选择的最后一个对象上，按住 Shift 键，然后单击左键。

5. 打字练习

打字软件的作用是通过在软件中设置的多种打字练习方式使练习者由键位记忆到文章练习的同时掌握标准键位指法，提高打字速度。目前，可用的打字软件较多，此处仅以“金山打字通”为例来说明打字软件的使用方法。

“金山打字通”能让用户在由浅入深的练习中循序渐进地提高。在英文打字的键位练习中，用户可以选择键位练习课程，分键位进行练习；而且该软件中增加了手指图形，不但能提示每个字母在键盘的位置，而且能知道用哪个手指来敲击当前需要键入的字符。

拼音打字从音节练习入手，用户通过对方言模糊音、普通话异读词的练习，可以纠正其在拼音输入中遇到的错误。五笔练习体系划分得更为合理，分为“字根练习”“单字练习”“词组练习”“文章练习”四个部分，在“字根练习”中还能分“横区”“竖区”“撇区”“捺区”“折区”“综合”进行练习。

（1）新手入门。“金山打字通”的启动界面，如图 1-7 所示。若是第一次使用，则需要创建昵称；若已有用户名，则在登录时选择相应的用户名直接登录。

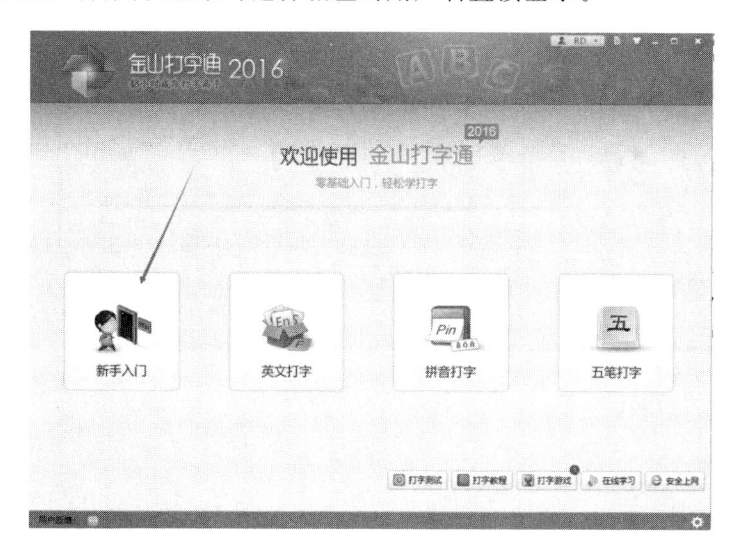

图 1-7　金山打字通

（2）打字常识。首先单击“新手入门”选项，然后打开“打字常识”的窗口，如图 1-8 所示。

图 1-8　打字常识

进入打字常识后，出现“认识键盘”界面，单击“下一页”，出现“打字姿势”界面，然后单击“下一页”，出现“基准键位”界面。在“新手入门”中，可以学习“打字常识”“字母键位”“数字键位”“符号键位”和“键位纠错”等知识，并提供一些选择题让用户试做。

(3) 打字练习。返回“金山打字通”的主界面可以选择不同的打字练习,如图 1-9 所示。

图 1-9　打字练习

实验 2　Windows 10 的基本操作

2.1　实验目的

(1) 熟练掌握英文大小写、数字、标点的用法及输入。
(2) 熟悉输入法选用及切换,熟练掌握一种汉字输入法。
(3) 掌握软键盘的使用方法。
(4) 了解和熟悉 Windows 10 的操作环境。
(5) 掌握 Windows 10 的帮助系统的使用。
(6) 熟练掌握 Windows 10 任务栏、开始菜单、桌面、窗口的操作。
(7) 熟悉快捷键的运用。
(8) 熟练掌握资源管理器的操作。
(9) 熟练掌握创建、删除快捷方式的方法。

2.2　实验内容

1. 拼音输入法

拼音输入法利用汉字的拼音字母为汉字代码。除了用键盘"V"键代替韵母"ü"以外,没有特殊规定,只需按照汉语拼音输入即可。

例如,要输入"尚"字,只需键入"shang",在弹出的候选框中选择即可;如发现候选框中无"尚"字,可按键盘上的"+"键或用鼠标单击候选框右上角的箭头继续查找,直到发现"尚"字,这时按键盘上的数字键(即所发现"尚"字前的数字)。有的输入法有记忆功能,这次选择了"尚"字,下次输入"shang"就会把"尚"排在第一。

词组录入,可以全拼录用。如"尚武"可以输入"shangwu",也可以简拼录入,如"尚武"可以输入"sw",即"尚武"前两个字的第一个字母。有的输入法有记忆功能,这次输入"sw"后选择了"尚武"两个字,下次再输入"sw"时,系统就会把"尚武"这个词排在第一。

常见的拼音输入法有智能 ABC 输入法、搜狗拼音、紫光拼音、百度拼音、微软拼音、全拼、双拼等。

2. 打开/关闭输入法

在 Windows 系统中单击任务栏右侧的输入法图标 EN ,在弹出的输入法选择菜单中选择一种中文输入法即可,如图 2-1 所示。

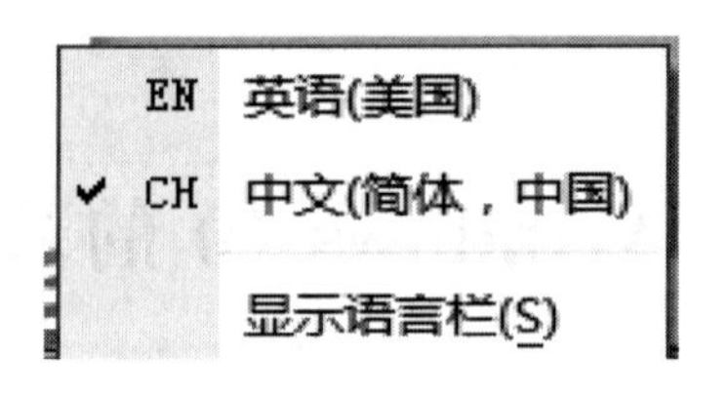

图 2-1 选择输入法

也可以使用快捷切换如下：

“Ctrl＋空格键”：打开关闭中文输入法。

“Ctrl＋Shift”：在各种中文输入法之间切换。

3. 软键盘的使用

以搜狗输入法为例，如图 2-2 所示。各种输入法以及每种输入法的不同版本有所差别。

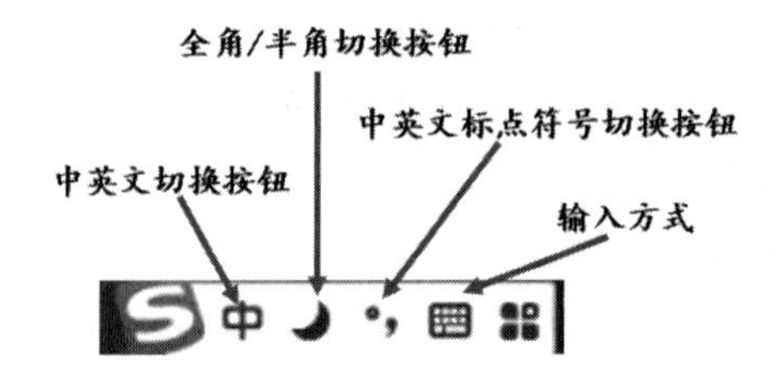

图 2-2 搜狗输入法

(1) 打开软键盘。鼠标左键单击输入法状态框上的输入方式按钮 ，弹出选择界面，然后选择软键盘按钮，可以打开软键盘，如图 2-3 所示。

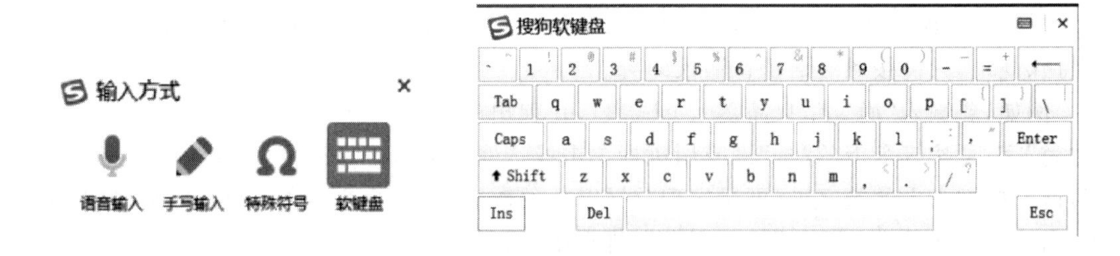

图 2-3 软键盘

(2) 软键盘的分布目录。鼠标右键单击输入法状态框上的输入方式按钮 ，弹出 13 种键盘分布情况，如图 2-4 所示。

单击其中的一种，软键盘的内容就会变成相应的符号，例如选择中文数字，则显示如图 2-4 所示的软键盘。

4. 中英文符号

(1) 全角和半角。注意区分字母、数字和符号的全角和半角。在汉字输入状态下，ASCII 码表中的所有字母、数字和符号均可有全角和半角两种形式。

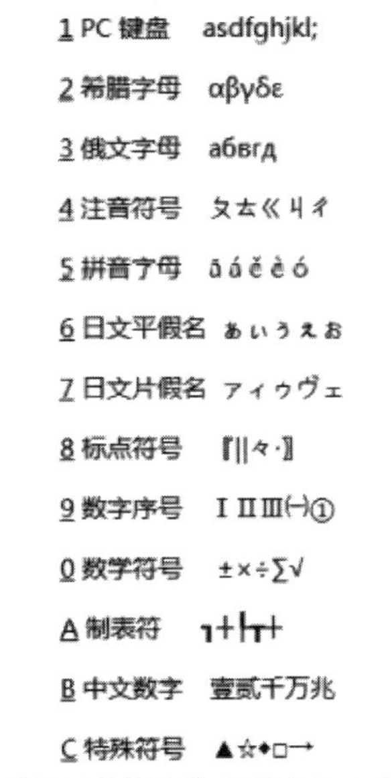

1 PC 键盘　asdfghjkl;

2 希腊字母　αβγδε

3 俄文字母　абвгд

4 注音符号　ㄆㄊㄍㄐㄔ

5 拼音字母　āáěèó

6 日文平假名　ぁぃぅぇぉ

7 日文片假名　ァィゥヴェ

8 标点符号　『||々·』

9 数字序号　ⅠⅡⅢ㈠①

0 数学符号　±×÷∑√

A 制表符　┐┼┝┬┼

B 中文数字　壹贰千万兆

C 特殊符号　▲☆◆□→

图 2-4　软键盘分布情况

图 2-5　中文数字软键盘

全角实际上是国标汉字字符集中的符号子集，其性质同汉字，存储内码占 2 字节；其显示也较宽，同样占一个汉字位置。输入时，可单击当前输入法栏中的“中英文标点符号”按钮切换。

(2) 中西文标点符号。有些标点中西文皆有且形状相同，例如逗号、分号、叹号、圆括号，其全角和半角状态形状亦相同。

有些标点中西文皆有但形状不相同，例如句号、单双引号。

有些标点中文有西文无，例如顿号、书名号、省略号。

同一个符号甚至有标准 ASCII 西文字符（半角）、对应的全角 ASCII 字符、中文标点符号三种，例如单双引号和句号。

(3) 常用的中文标点对应输入键。

常用的中文标点输入对应按键如表 2-1 所示。

表 2-1 常用的中文标点输入对应按键表

中文符号	对应按键	中文符号	对应按键
、顿号	\	！感叹号	Shift+1
。句号	.	，逗号	,
——破折号	Shift+_	《左书名号	Shift+,
…省略号	Shift+6	》右书名号	Shift+.
‘左单引号	‘	“左双引号	Shift+’
’左单引号	‘	”左双引号	Shift+’

5. 搜狗拼音输入法

(1) 全拼。全拼输入是拼音输入法中最基本的输入方式，如图 2-6 所示。我们只要用“Ctrl+Shift”组合键切换到搜狗输入法，在输入窗口输入拼音即可；然后依次选择需要的字或词。我们可以用默认的翻页键“逗号(，)句号(。)”进行翻页。搜狗输入法全拼模式如图 2-6 所示。

图 2-6 全拼模式

(2) 简拼。简拼是输入声母或声母的首字母来进行输入的一种方式，如图 2-7 所示。有效的利用简拼可以大大提高输入的效率。目前，搜狗输入法支持的是声母简拼和声母的首字母简拼。例如想要输入“计算机应用技术基础”，只要输入“jsjyyjsjc”即可。同时，搜狗输入法支持简拼、全拼混合输入，例如输入“srf”“sruf”“shrfa”都是可以得到“输入法”这三个字的。

图 2-7 简拼模式

【注意】 声母的首字母简拼的作用和模糊音中的“z，s，c”相同，但是也有区别，即使没有选择设置里的模糊音，同样可以用“zly”输入“张靓颖”。有效地用声母的首字母简拼可以提高输入效率，减少误打，例如输入“指示精神”这四个字，如果输入传统的声母简拼，只能输入“zhshjsh”，输入得多而且多个“h”容易造成误打；而输入声母的首字母简拼“zsjs”，则能很快得到想要的词。

另外，由于简拼候选词过多，可以采用简拼和全拼混用的模式，这样能够兼顾最少输入字母和输入效率。例如想要输入“指示精神”，那么输入“zhishijs”“zsjingshen”“zsjingsh”“zsjingsh”“zsjings”都是可以的。

(3) 英文的输入。输入法默认按下 Shift 键就切换到英文输入状态，再按一次 Shift 键就会返回中文状态;用鼠标单击状态栏上面的中字图标也可以切换。

除了 Shift 键切换以外,搜狗输入法也支持回车键和 V 模式输入英文,在输入较短英文时使用能省去切换到英文状态的步骤。具体使用方法如下。

① 回车键输入英文:首先输入英文,然后直接敲击回车键即可。

② V 模式输入英文:首先输入“V”,然后输入需要的英文,可以包含“@”“+”“*”“/”“-”等符号,最后按空格键即可。

(4) 双拼。双拼是指用定义好的单字母代替较长的多字母韵母或声母来进行输入的一种方式。例如如果 T=t,M=ian,键入两个字母“TM”就会输入拼音“tian”。使用双拼可以减少击键次数,且需要记忆字母对应的键位,但是熟练之后输入速度会有一定提高。

如果需要使用双拼,在设置属性窗口把双拼选上即可。特殊拼音的双拼输入规则有:

① 对于单韵母字,需要在前面输入字母 O+韵母。例如输入 OA→A,输入 OO→O,输入 OE→E。

② 在自然码双拼方案中,和自然码输入法的双拼方式一致,对于单韵母字,需要输入双韵母,例如输入 AA→A,输入 OO→O,输入 EE→E。

(5) 模糊音。模糊音是专为对某些容易混淆音节的人所设计的。当启用了模糊音后,例如 sh↔s,输入“si”也可以出来“十”,输入“shi”也可以出来“四”。

搜狗输入法支持的模糊音有:

声母模糊音:s↔sh,c↔ch,z↔zh,l↔n,f↔h,r↔l。

韵母模糊音:an↔ang,en↔eng,in↔ing,ian↔iang,uan↔uang。

(6) 繁体。在状态栏上面右键菜单里的“简→繁”选中即可进入繁体中文状态,再次单击即可返回简体中文状态。

(7) 网址输入模式。网址输入模式是特别为网络设计的便捷功能,让我们在中文输入状态下就可以输入几乎所有的网址。目前的规则是:输入以 www.、http:、ftp:、telnet:、mailto:等开头的字母时,自动识别进入英文输入状态,接下来可以输入例如 www.sogou.com,ftp://sogou.com 类型的网址,如图 2-8 所示。

图 2-8 默认网址模式

输入非 www. 开头的网址时,直接输入就可以了,例如 abc.abc(但是不能输入 abc123.abc 类型的网址,因为数字被当作默认的选择键,如图 2-9 所示)。

图 2-9 非 www. 开头的网址

输入邮箱时,可以输入前缀不含数字的邮箱,例如 leilei@sogou.com,如图 2-10 所示。

图 2-10 邮箱类型

(8) U模式笔画输入。U模式是专门为输入不会读的字所设计的。在输入U键后,依次输入一个字的笔顺(笔顺为:h横、s竖、p撇、n捺、z折),就可以得到该字。需要注意的是,竖心的笔顺是"点点竖(nns)",而不是"竖点点(snn)"。例如输入"你"字,如图2-11所示。

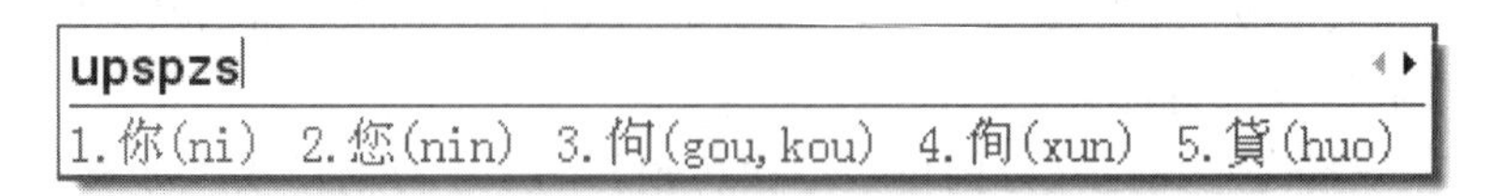

图2-11　笔画输入

此外,小键盘上的1、2、3、4、5也代表h、s、p、n、z,如图2-12所示。这里的笔顺规则与智能手机上的五笔画输入是完全一样的。其中,点也可以用D来输入。由于双拼占用了U键,智能ABC的笔画规则不是五笔画,所以双拼和智能ABC下都没有U键模式。

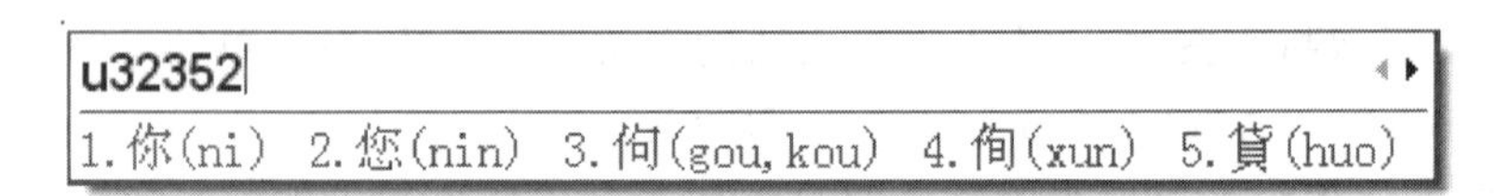

图2-12　小键盘输入笔画

(9) 笔画筛选。笔画筛选用于输入单字时,用笔顺来快速定位该字。使用方法是输入一个字或多个字后,按下Tab键(如果是翻页的话也不受影响),然后用h横、s竖、p撇、n捺、z折依次输入第一个字的笔顺,一直找到该字为止。五个笔顺的规则同上面的笔画输入的规则。要退出笔画筛选模式,只需要删掉已经输入的笔画辅助码即可。

例如快速定位"珍"字,输入了"zhen"后,按下Tab键,然后输入"珍"的前两笔"hh",就可定位该字,如图2-13所示。

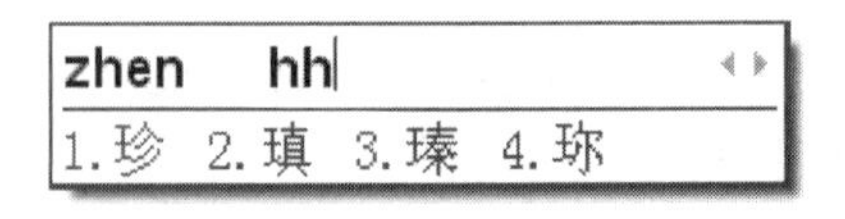

图2-13　笔画筛选

(10) V模式中文数字(包括金额大写)。V模式中文数字是一个功能组合,包括多种中文数字的功能,只能在全拼状态下使用。

① 中文数字金额大小写:输入"v424.52",输出"肆佰贰拾肆元伍角贰分"。

② 罗马数字:输入99以内的数字,例如"v12",输出"Ⅻ"。

③ 年份自动转换:输入"v2020.8.8"或"v2020-8-8"或"v2020/8/8",输出"2020年8月8日"。

④ 年份快捷输入:输入"v2020n12y25r",输出"2020年12月25日"。

(11) 插入当前日期时间。"插入当前日期时间"的功能可以方便地输入当前的系统日期、时间、星期,而且还可以插入函数自己构造动态的时间(如在回信的模板中使用)。此功能是用输入法内置的时间函数通过"自定义短语"功能来实现的。由于输入法的自定义短语默认不会覆盖用户已有的配置文件,所以要想使用下面的功能,需要恢复"自定义短语"的默认配置。也就是说,如果输入了"rq"(日期的首字母)而没有输出系统日期,请单击"选项卡→高级→自定义短语设置→恢复默认配置"即可。值得注意的是,恢复默认配置将丢失已有的配置，请自行保存手动编辑。输入法内置的插入项有：

① 输入“rq”(日期的首字母)，输出系统日期“2021 年 3 月 20 日”。

② 输入“sj”(时间的首字母)，输出系统时间“2021 年 3 月 20 日 17:14:12”。

③ 输入“xq”(星期的首字母)，输出系统星期“2021 年 3 月 20 日 星期六”。

自定义短语中的内置时间函数的格式请见自定义短语默认配置中的说明。

(12) 拆字辅助码。拆字辅助码让我们能快速地定位到一个单字，使用方法如下：

若输入一个汉字“娴”，但是非常靠后，那么输入“xian”，然后按 Tab 键，再输入“娴”的两部分“女”“闲”的首字母“nx”，就只可以看到“娴”字了。输入的顺序为“xian”＋Tab 键＋“nx”。

由于独体字不能被拆成两部分，所以独体字是没有拆字辅助码的。

6. 搜狗输入法的设置

(1) 搜狗输入法的切换。将鼠标移到要输入的地方，单击，使系统进入输入状态，然后按“Ctrl＋Shift”组合键切换输入法，按到搜狗拼音输入法出来即可。当系统仅有一个输入法或者搜狗输入法为默认的输入法时，按下“Ctrl＋空格键”即可切换搜狗输入法。

由于大多数人只用一个输入法，为了方便、高效起见，用户可以将不用的输入法删除，只保留一个最常用的输入法。用户可以在系统的“语言文字栏”右击，选择“设置”选项把不用的输入法删掉(这里的删除并不是卸载，以后还可以通过“添加”选项添上)。

(2) 翻页选字。搜狗拼音输入法默认的翻页键是逗号“，”、句号“。”，即输入拼音后，按句号“。”进行向下翻页选字，相当于 Page Down 键，找到所选的字后，按其相对应的数字键即可输入。我们建议用这两个键翻页，因为用逗号键、句号键时手不用移开键盘主操作区，效率最高，也不容易出错。

输入法默认的翻页键还有减号“－”、等号“＝”，左右方括号“[]”，用户可以通过“设置属性”→“按键”→“翻页键”进行设定。

(3) 使用简拼。搜狗输入法现在支持的是声母简拼和声母的首字母简拼。例如想输入“张靓颖”，只要输入“zhly”或者“zly”都可以。同时，搜狗输入法支持简拼全拼的混合输入，例如输入“srf”“sruf”“shrfa”都可以得到“输入法”。

【注意】

声母的首字母简拼的作用和模糊音中的“z，s，c”相同。但是，这是两码事，即使用户没有选择设置里的模糊音，同样可以用“zly”可以输入“张靓颖”。有效的用声母的首字母简拼可以提高输入效率，减少误打，例如输入“指示精神”这四个字，如果用户输入传统的声母简拼，只能输入“zhshjsh”，需要输入得多而且多个 h 容易造成误打，而输入声母的首字母简拼，“zsjs”能很快得到想要的词。

(4) 修改候选词的数量。可以设置 5 个候选词，也可以设置 9 个候选词。用户可以通过在状态栏上面右击菜单里的“设置属性→外观→候选词个数”来修改，选择范围是 3～9 个。

输入法默认的是 5 个候选词，搜狗输入法的首词命中率和传统的输入法相比已经大大提高，第 1 页的 5 个候选词能够满足绝大多数情况的输入。推荐选用默认的 5 个候选词。如果候选词太多会造成查找时的困难，导致输入效率下降。

(5) 修改外观。有普通窗口或特大窗口，还有标准状态条或 Mini 状态条。目前，搜狗输入法支持的外观修改包括输入框的大小和状态栏的大小两种。用户可以在状态栏右击菜单里的“设置属性→显示设置”修改。

(6) 自定义短语的使用。自定义短语是通过特定字符串来输入自定义好的文本，自定义短语在设置选项的“高级”选项卡中，默认开启，单击“自定义短语设置”即可。

用户可以添加、删除、修改自定义短语。设置自己常用的自定义短语可以提高输入效率，例如使用 yx,1=wangshi@sogou.com，输入了“yx”，然后按空格键就输入了“wangshi@sogou.com”；使用 sfz，1 = 130123456789，输入了“sfz”，然后按空格键就输入了“130123456789”。

经过改进后的自定义短语支持多行、空格以及指定位置。

(7) 固定首字的设置。搜狗输入法用自定义短语功能来实现固定首字。用户可以通过自定义短语功能进行修改，方法是双击选项，进入编辑界面。如果想要输入“b”时出现的第一个字不是“吧”，则可以改成“不”字或其他汉字，然后单击“保存修改”，以后输入“b”时第一个字就是“不”字或其他汉字了。

目前，22 个固定首字母的高频汉字是：

a=啊	b=吧	c=才	d=的	f=飞	g=个
h=好	j=就	k=看	l=了	m=吗	n=你
o=哦	p=平	q=去	r=人	s=是	t=他
w=我	x=想	y=一	z=在		

7. 资源管理器的使用

操作步骤：

(1) 依次单击“开始”→“所有程序”→“Windows 系统”→“文件资源管理器”以打开如图 2-14 所示的“资源管理器”窗口。

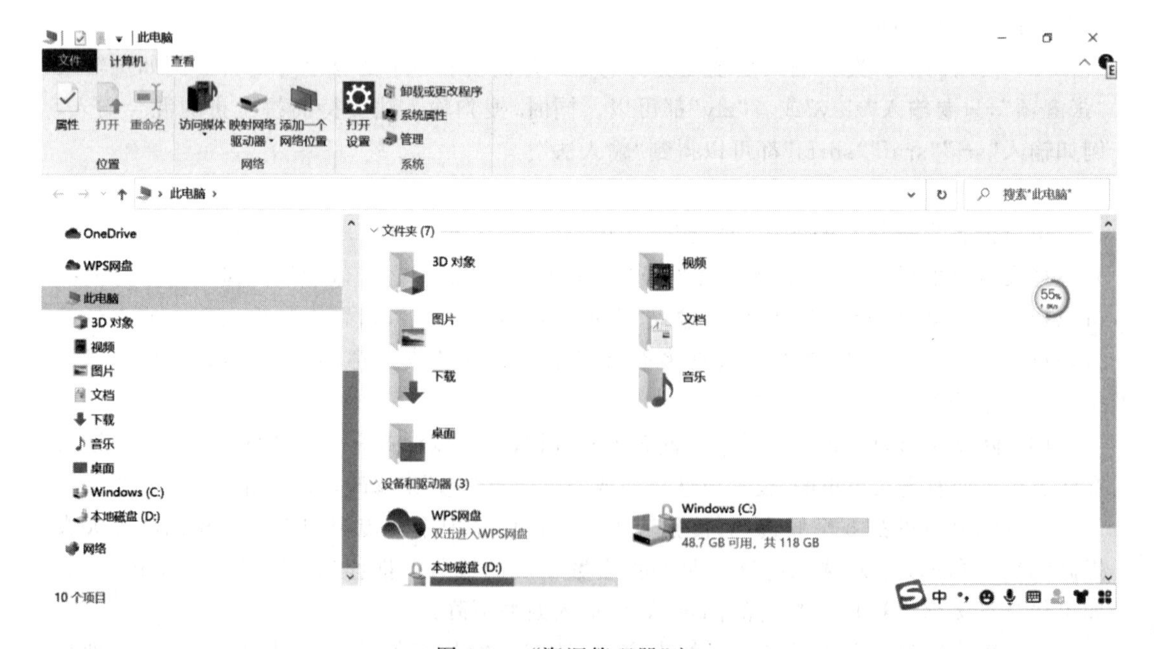

图 2-14 “资源管理器”窗口

(2) 在“资源管理器”窗口的左侧组织栏中，选择“此电脑”→“C 盘”，然后找到窗口工具栏中的搜索栏，并在搜索栏中输入“Windows”，系统自动搜索后，在窗口右栏可以看到“Windows”文件夹，双击打开该文件夹，如图 2-15 所示。

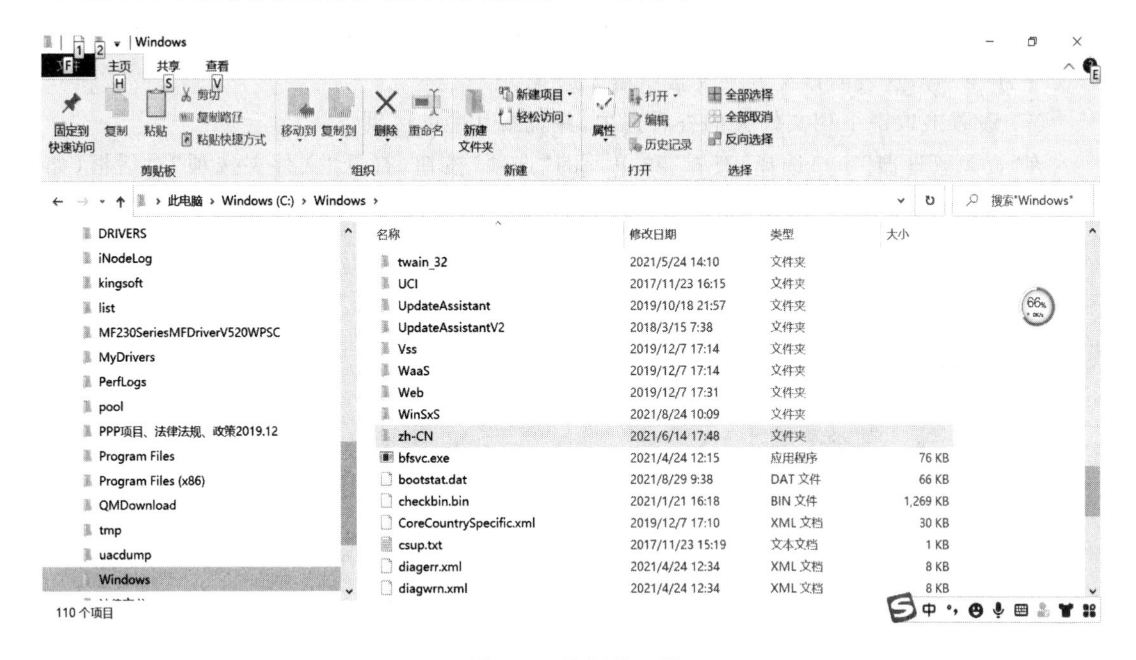

图 2-15　资源管理器

(3) 此时在“资源管理器”窗口右栏可看到“Windows”文件夹下的全部内容，右击右边窗口的空白处，在弹出菜单中选择“查看”项(或者单击窗口右上角的“查看”按钮)，选择“详细信息”项(如图 2-16 所示)，此时右栏内容以详细资料方式显示。然后分别用缩略图、列表、详细信息等方式浏览 Windows 主目录，观察各种显示方式之间的区别。

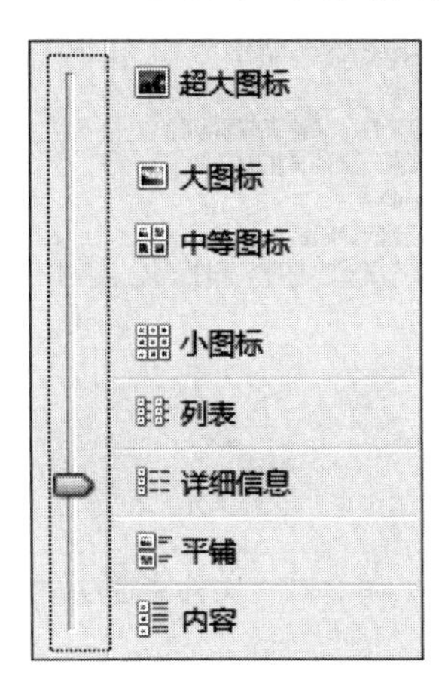

图 2-16　查看菜单

(4) 单击“查看”菜单下“排序方式”项，将当前内容分别按名称、大小、文件类型和修改时间进行排序，观察四种排序方式的区别。

查看“Windows”文件夹中以字母“W”开头的“应用程序”的数量和扩展名，详细记录其完整名称、文件大小和修改日期。

(5) 掌握窗口的操作:移动窗口、调整窗口、窗口切换、窗口排列、复制窗口。

(6) 练习文件夹的展开与折叠。将鼠标指向左侧方框中的"▷"号并单击,此时观察到原来的"▷"号变为"◢"号,这表明文件夹已经展开;然后单击该"◢"号,则可观察到此时"◢"号又变为"▷"号,这表明该文件夹又被折叠了起来。

(7) 设置或取消下列文件夹的查看选项,并观察其中的区别。

在"资源管理器"窗口选择"查看"菜单下的"选项"按钮,打开"文件夹选项"对话框(如图 2-17 所示),然后选择"查看"选项卡,在"高级设置"栏实现以下各项设置。

√ 显示所有的文件和文件夹。

√ 隐藏受保护的操作系统文件。

√ 隐藏已知文件类型的扩展名。

√ 在标题栏显示显示完整路径等。

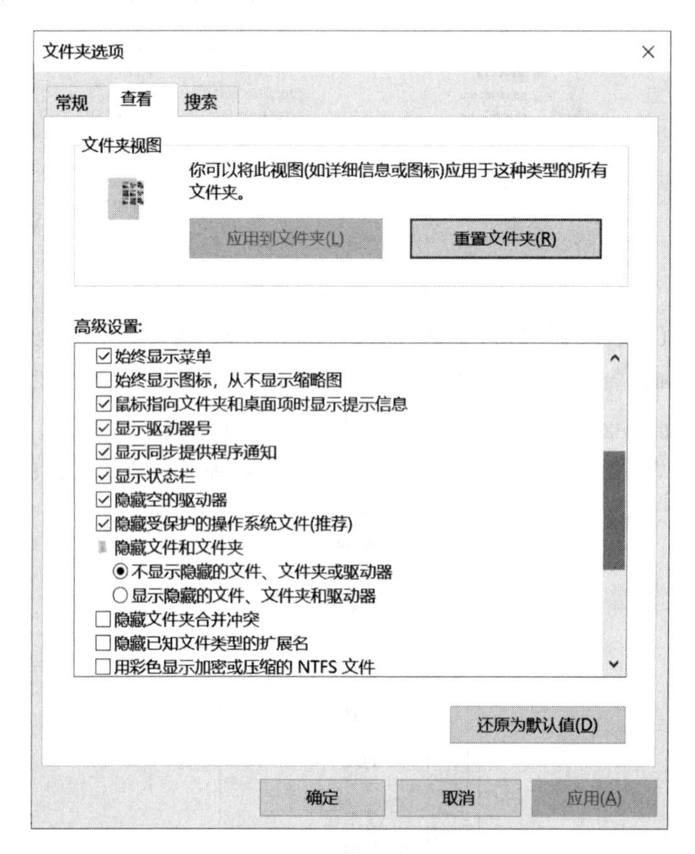

图 2-17 文件夹选项

8. 管理桌面图标

(1) 在桌面上单击鼠标右键,选择"个性化",如图 2-18 所示。

(2) 在个性化设置窗口,单击左侧的"主题",选择右侧"桌面图标设置",出现如图 2-19 所示对话框,勾选桌面图标选项,单击"确定"。

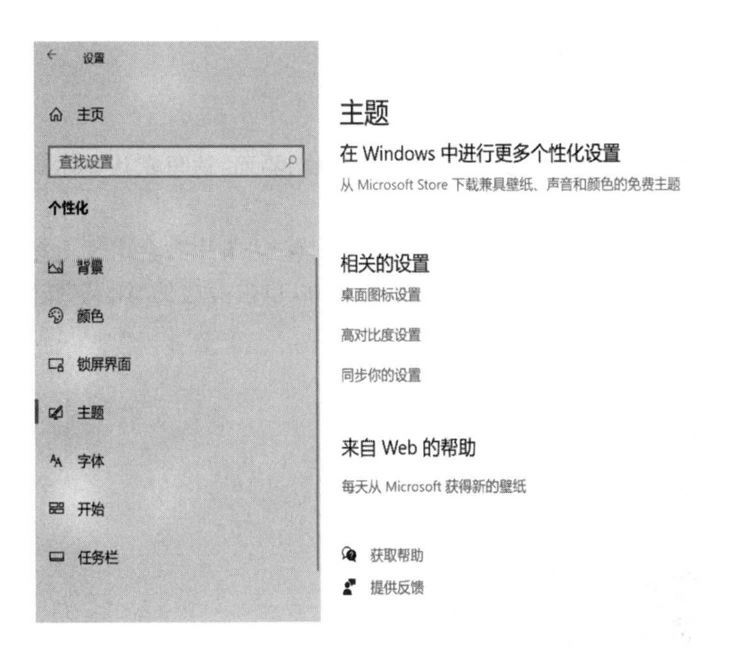

图 2-18 个性化设置窗口

图 2-19 桌面图标

9. 个性化桌面背景

(1) 在桌面空白处右击,选择“个性化”。

(2) 在个性化界面下单击“背景”,这时候可以看到桌面背景的界面,这里默认显示的是微软提供的图片。

(3) 除了默认的壁纸,用户也可以选择自己所需要的图片,单击“图片”,会出现下拉菜单,这些都是系统指定在各个位置用户所存储的图片,用户还可以单击旁边的“浏览”按钮,选择存放图片的地址,如图 2-20 所示。

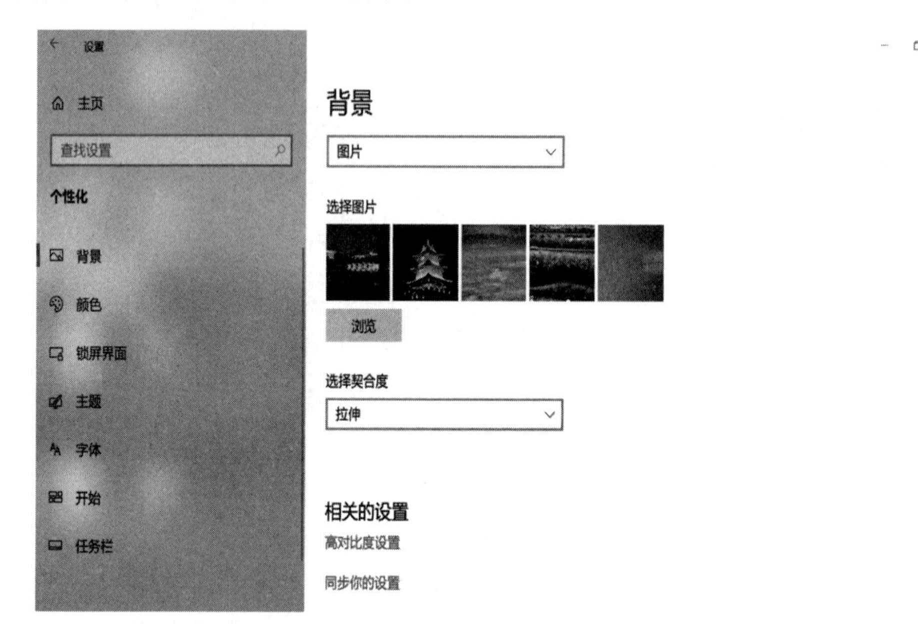

图 2-20 桌面背景

10. 最佳分辨率

(1) 在桌面空白处右击,选择“显示设置”,单击“显示”选项。

(2) 在“显示分辨率”下拉菜单中选择推荐分辨率并保留更改,单击“分辨率”下拉菜单,选择最佳分辨率(Windows 10 会在最佳分辨率后面显示“推荐”的字样),如图 2-21 所示。

11. 刷新率

(1) 在桌面空白处右击选择“显示设置”,单击“显示”下的“高级显示设置”选项。

(2) 单击“高级显示设置”→“刷新率”,在“刷新率”下拉菜单中选择“60 Hz”,如图 2-22 所示。

12. “开始”菜单的使用

打开“开始”菜单(通常在屏幕的左下角),在“开始”菜单中,用户可以找到 Windows 10 中所需的大部分内容,包括应用程序、设置和文件,如图 2-23 所示。

设置
主页
查找设置
系统
显示
声音
通知和操作
专注助手
电源和睡眠
电池
存储
平板电脑
显示
更改文本、应用等项目的大小
175%
高级缩放设置
显示分辨率
1920 × 1080 (推荐)
1680 × 1050
1600 × 900
1440 × 900
1400 × 1050
1366 × 768
1360 × 768
1280 × 1024
1280 × 800
择"检测"即可尝试手动连

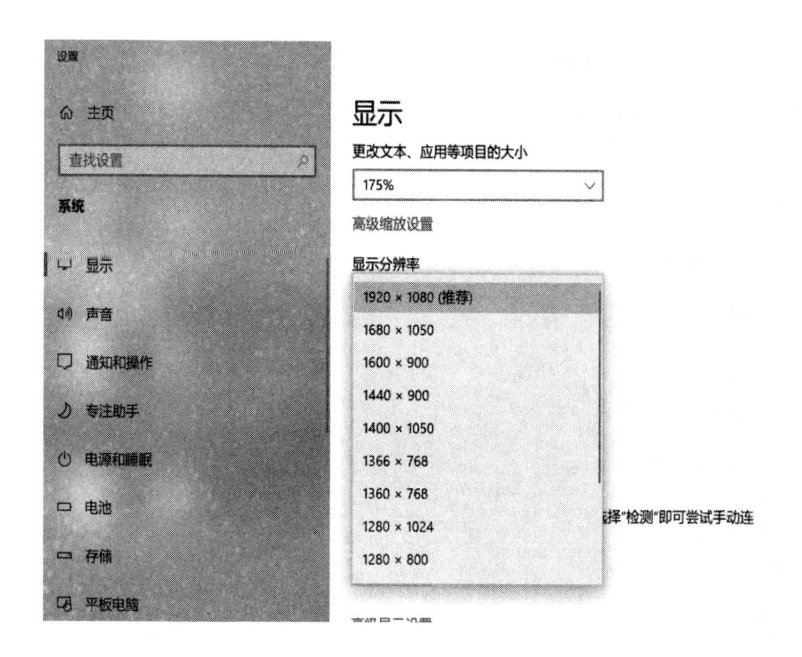

图 2-21 屏幕分辨率

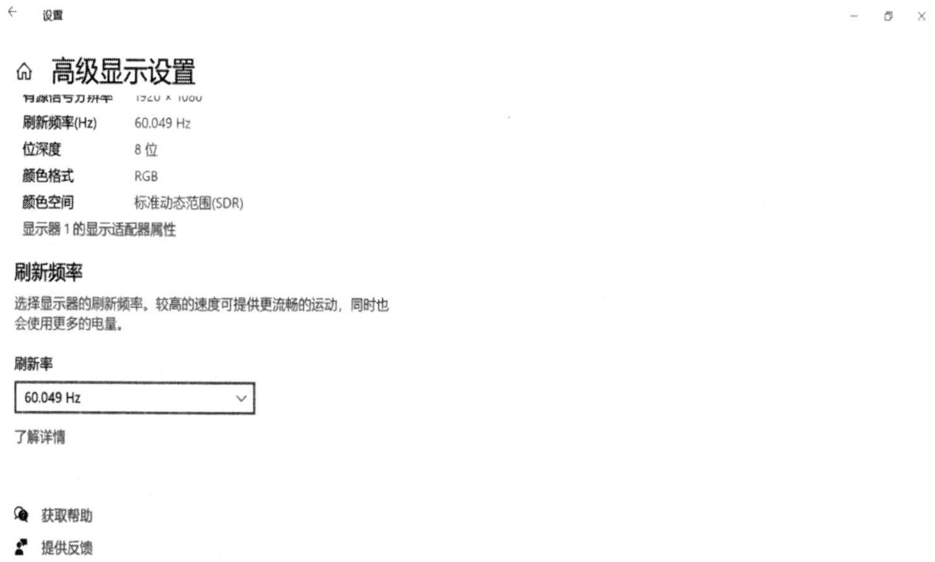

设置
高级显示设置
刷新频率(Hz) 60.049 Hz
位深度 8 位
颜色格式 RGB
颜色空间 标准动态范围(SDR)
显示器 1 的显示适配器属性
刷新频率
选择显示器的刷新频率。较高的速度可提供更流畅的运动，同时也会使用更多的电量。
刷新率
60.049 Hz
了解详情
获取帮助
提供反馈

图 2-22 屏幕刷新率

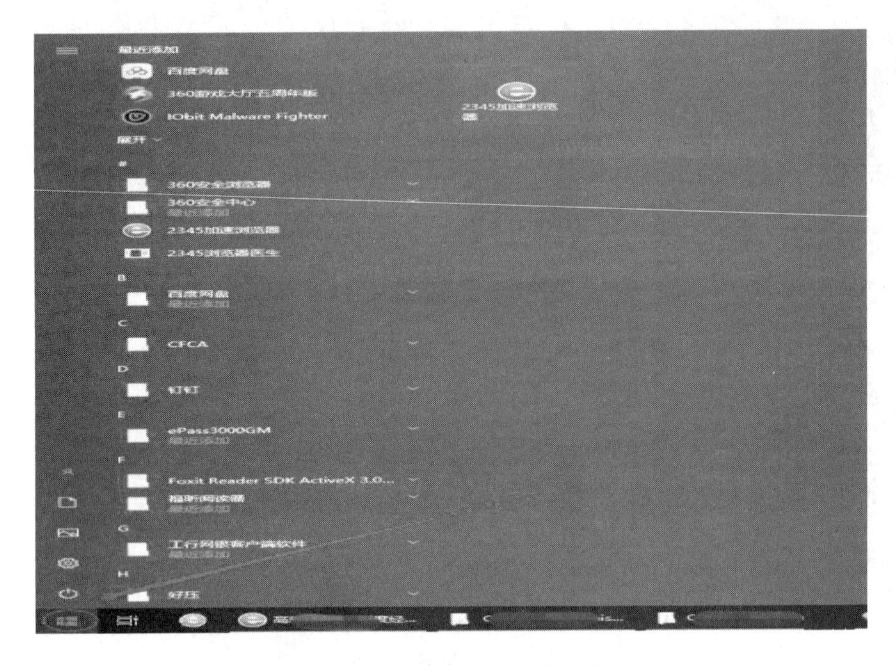

图 2-23　Windows 10 开始菜单

Windows 10 提供了多种查找用户需要的应用程序的方法：

在最右边的面板上，用户会看到五颜六色的瓷贴。有些互动程序只是打开应用程序的链接，而另一些则显示实时更新。

- 右击平铺以打开其编辑菜单。此处，用户可以更改磁贴的大小，选择将其固定到任务栏（在屏幕底部），或从菜单中删除（取消固定），如图 2-24 所示。

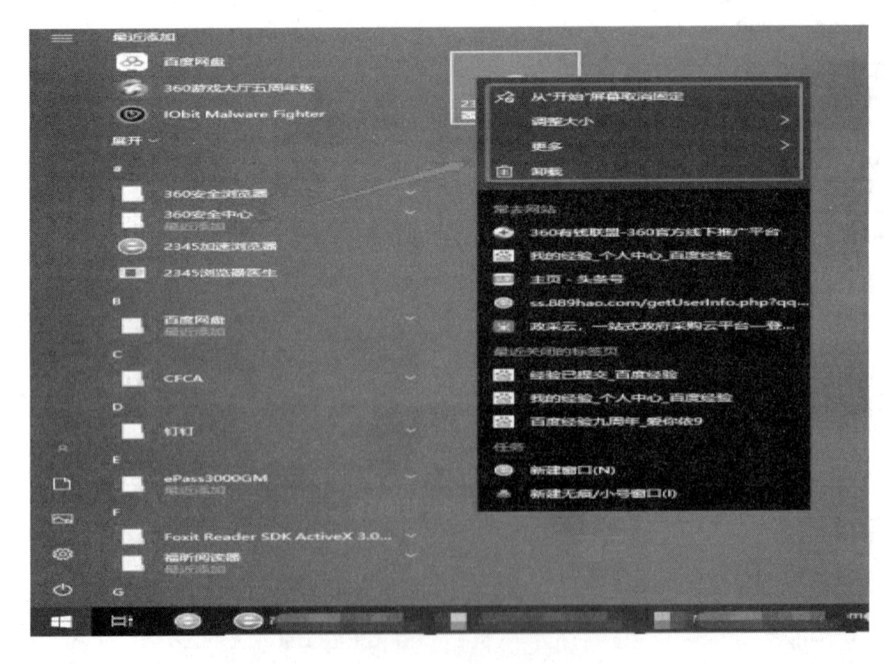

图 2-24　磁贴设置

- 用户可以随意排列这些瓷砖，只需单击并将平铺拖动到所需位置。如图 2-25 所示。
- 单击所有应用以查看已安装应用的列表，在菜单左下角附近，这里将按字母顺序显示应用程序列表。
- 用户可能不必单击所有应用程序即可在所有计算机上查看自己的应用程序列表。如果用户没有此选项，则表示用户的应用程序列表已设置为在“开始”菜单中默认显示。
- 若要从所有应用程序中的某个应用程序创建磁贴，只需将其拖动到右侧面板并将其放置在所需位置。
- 右击任何应用程序，查看它是否有其他可从“开始”菜单控制的选项。
- 在菜单左下角的搜索栏中键入应用程序的名称以搜索应用程序。用户可以用这种方式搜索任何东西，包括要下载的应用程序和 Internet 上的项目。

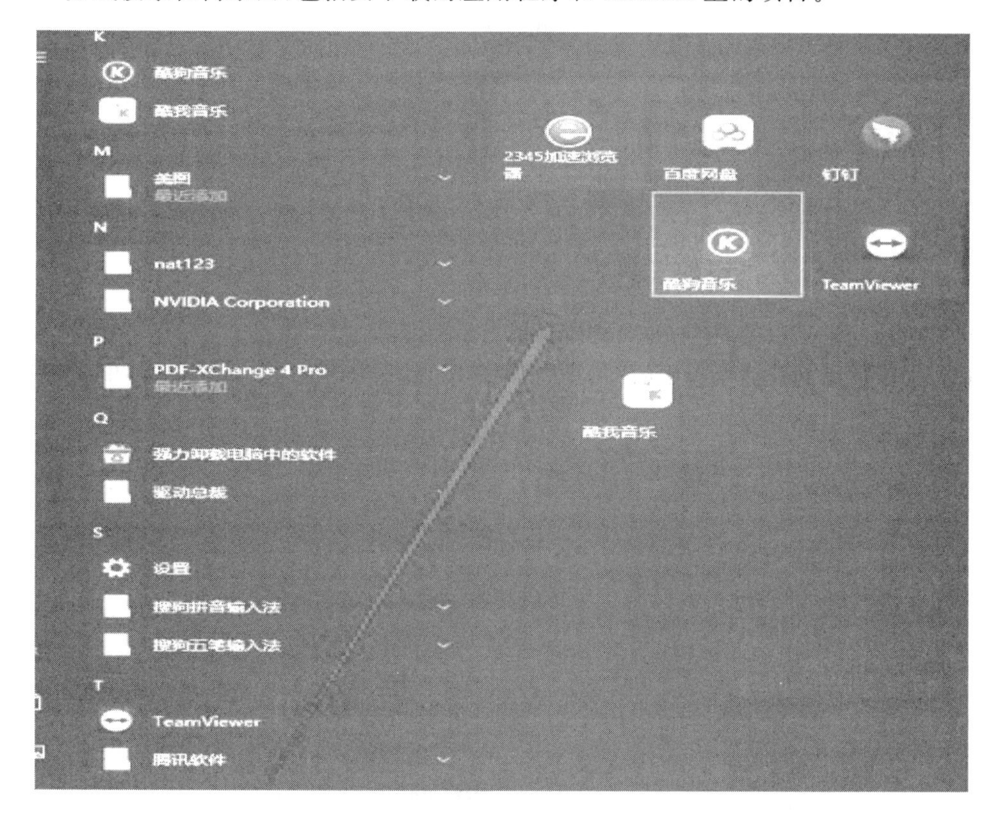

图 2-25　桌面上创建磁贴

13. 自定义任务栏

自定义任务栏显示小图标。将鼠标指针移动到任务栏上右击，在弹出的快捷菜单中选择“任务栏设置”，弹出“任务栏设置”窗口进行设置，如图 2-26 所示。

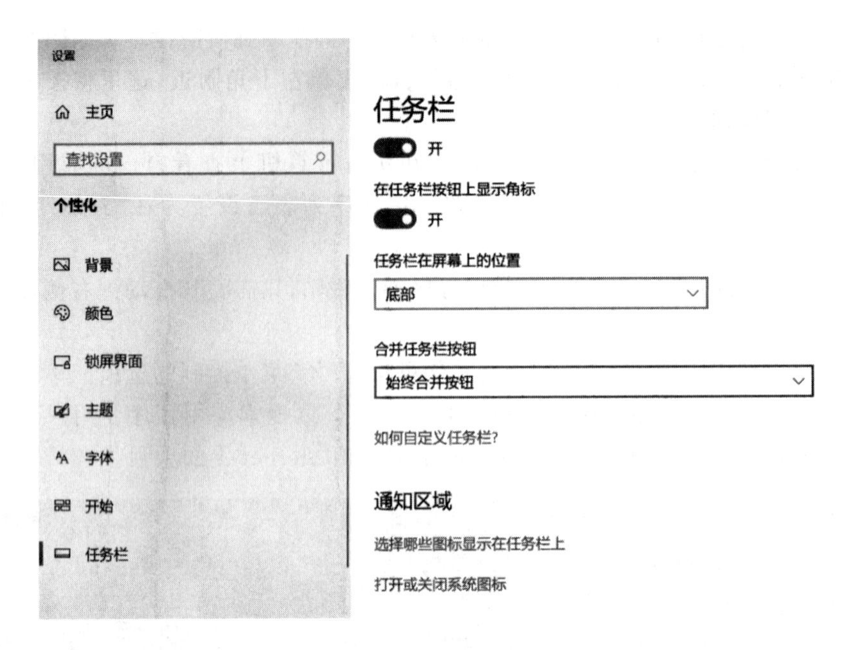

图 2-26　任务栏设置

14. 自定义任务栏中的工具栏

(1) 在任务栏空白处右击，弹出快捷菜单。

(2) 将鼠标移到快捷菜单中的“工具栏”菜单项，此时显示出“工具栏”子菜单，如图 2-27 所示。

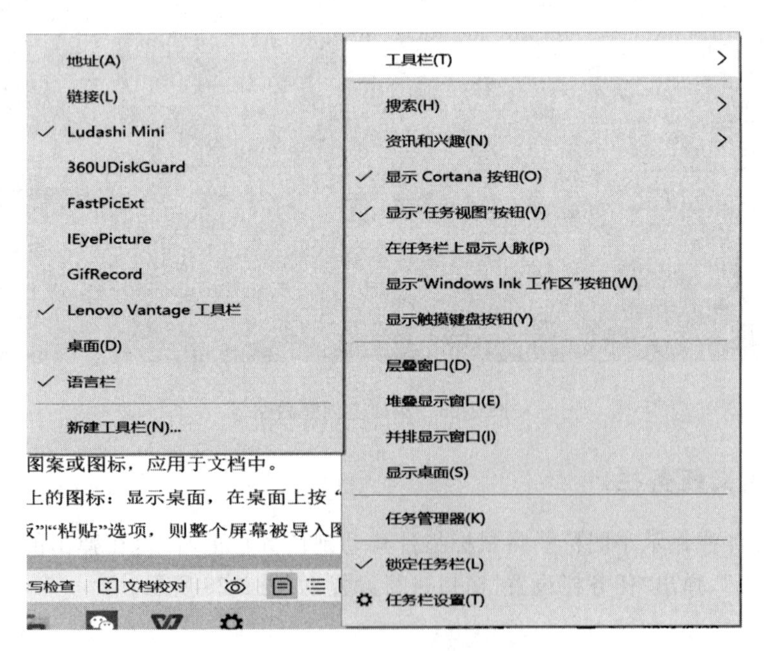

图 2-27　任务栏右键快捷菜单

(3) 选择“工具栏”子菜单中的“地址”项后，观察任务栏的变化。

15. 屏幕截图

捕捉屏幕上的图案或图标,应用于文档中。

(1) 捕捉桌面上的图标:显示桌面,在桌面上按 Print Screen 键。打开画图程序,然后单击"主页"→"剪切板"→"粘贴"选项,则整个屏幕被导入图面,如图 2-28 所示。此时,用户可以自由截取需要的图形部分。

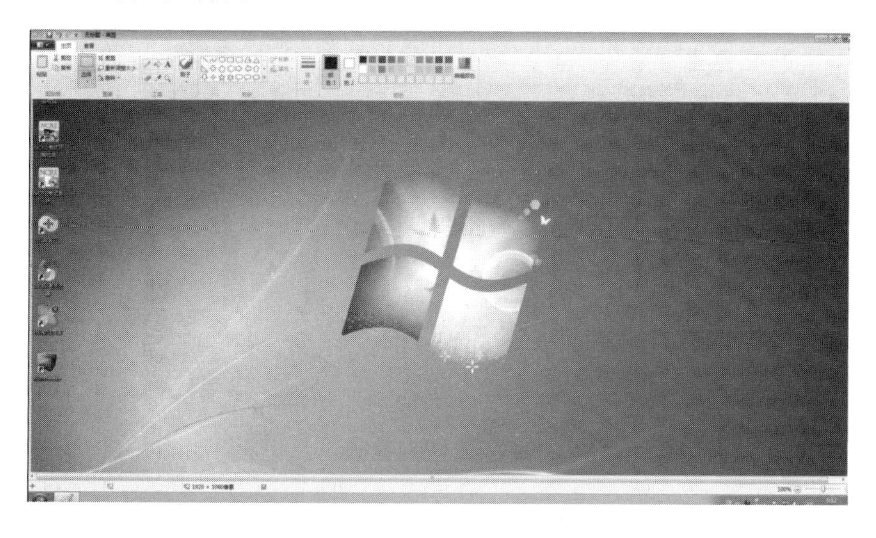

图 2-28 整个桌面已粘贴的"画图"窗口

(2) 捕捉屏幕保护图案。例如欲将常见的"彩带"屏幕保护图案截取下来做成文件保存。具体方法如下:

第一步:在桌面右击,从"个性化"中选择"屏幕保护程序",打开对话框后,选择"彩带",然后单击"预览"查看,最后单击"确定"。

第二步:当屏幕上出现彩带图案时,按 Print Screen 键,打开"画图"程序;在该程序中单击"剪切板"→"粘贴"选项,将刚刚截取的图案导入窗口。

第三步:将该图案以".jpg"格式做成一个图形文件保存,如图 2-29 所示。

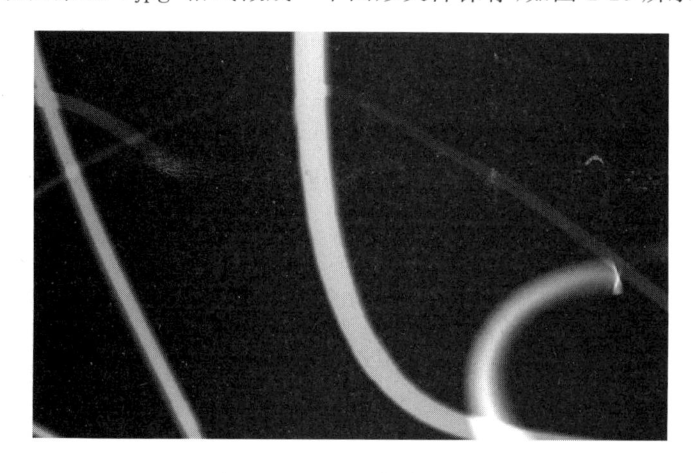

图 2-29 "三维管道"屏保

(3) 捕捉活动窗口。按“Alt+Print Screen”组合键就可以截取当前活动窗口。

所谓活动窗口是指屏幕上同时出现多个窗口时,只有一个是正在操作的窗口,而正在操作的窗口就是活动窗口。例如,如果桌面上有两个或更多的窗口,那么用户正在操作的窗口就是活动窗口,而且正在操作的窗口的标题是蓝色的,而其他非活动窗口的标题是灰色的。

假设用户正在玩“纸牌”游戏时,如果按下“Alt+Print Screen”组合键,则可截取游戏窗口,粘贴到“画图”窗口后,可以将扑克牌一张一张地取下来,如图 2-30 所示。

图 2-30 “纸牌”活动窗口

16. 创建快捷方式

建立快捷方式有两种方法,一种是用鼠标把图标直接拖曳到桌面上,另一种是使用“系统”快捷菜单中的“创建快捷方式”命令。例如,为“Windows 资源管理器”建立一个名为“资源管理器”的快捷方式。

方式一:是右击“附件”组中的“Windows 资源管理器”,然后在其快捷菜单中选择“发送到”→“桌面快捷方式”命令,如图 2-31 所示;或者按住 Ctrl 键,直接把“附件”组中的“Windows 资源管理器”拖曳到桌面上。

方式二:通过桌面右击,在弹出的快捷菜单中选择“新建”→“快捷方式”,在弹出的“创建快捷方式”对话框中(如图 2-32 所示),通过“浏览”按钮确定“Windows 资源管理器”的文件名及其所在的文件夹。对应的文件名是 Explorer. exe. ;如果不知道对应的文件名,则可右击“附件” 组中的“Windows 资源管理器”,然后在其快捷菜单中选择“属性”命令,在弹出的对话框中可以确定文件名及其路径。

【注意】

快捷方式只是源程序的“替身”,所以被删除后不会影响到源程序本身。建立快捷方式可以使用户更方便快捷地开展工作。

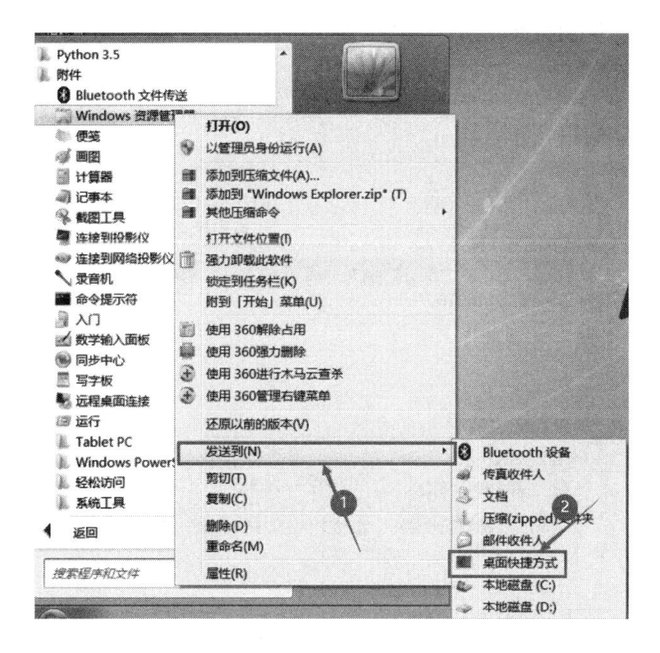

图 2-31　发送到桌面快捷方式

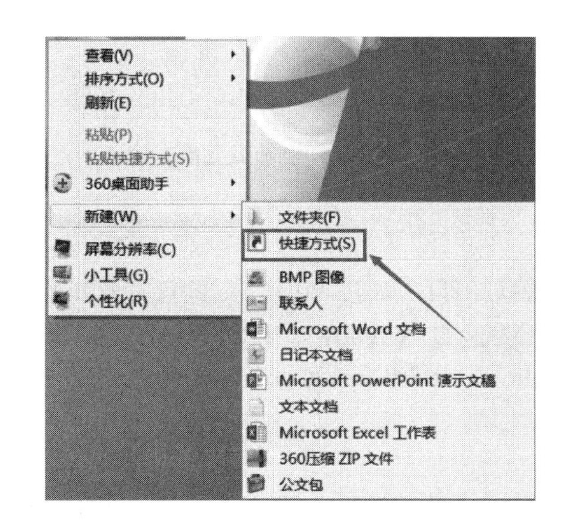

图 2-32　新建快捷方式

17. 回收站

(1) 删除桌面上已经建立的“资源管理器”快捷方式和“系统”快捷方式。

提示:选中欲删对象后按 Delete 键或选择其快捷菜单中的“删除”命令。

(2) 恢复已删除的“资源管理器”快捷方式。

提示:首先打开“回收站”,然后选定要恢复的对象,最后在选择“回收站任务”栏目选择“还原此项目”即可。

(3) 永久删除桌面上的 Calc. clp 文件对象,使之不可恢复。

提示:按住 Shift 键,删除文件时将永久删除文件。

(4) 设置各个驱动器的回收站容量

提示:通过“回收站属性”窗口设置,如图 2-33 所示。

图 2-33 回收站属性

18. 快捷键的运用

运用快捷键能够快速打开程序,如按 Windows 键可打开开始菜单,按“Windows+X”组合键可以打开右键开始菜单,按“Windows+L”组合键可以快速锁屏,按“Alt+Tab”组合键可以切换窗口,按“Windows+D”组合键可以显示桌面。

19. 帮助系统

在使用 Windows 10 操作系统的过程中,经常会遇到一些计算机故障或疑难问题,使用 Windows 10 系统内置的“Windows 帮助和支持”可以找到常见问题的解决方法。该帮助系统提供了比较丰富的疑难解答说明与操作步骤提示,以帮助用户解决所遇到的计算机问题如图 2-34 所示。

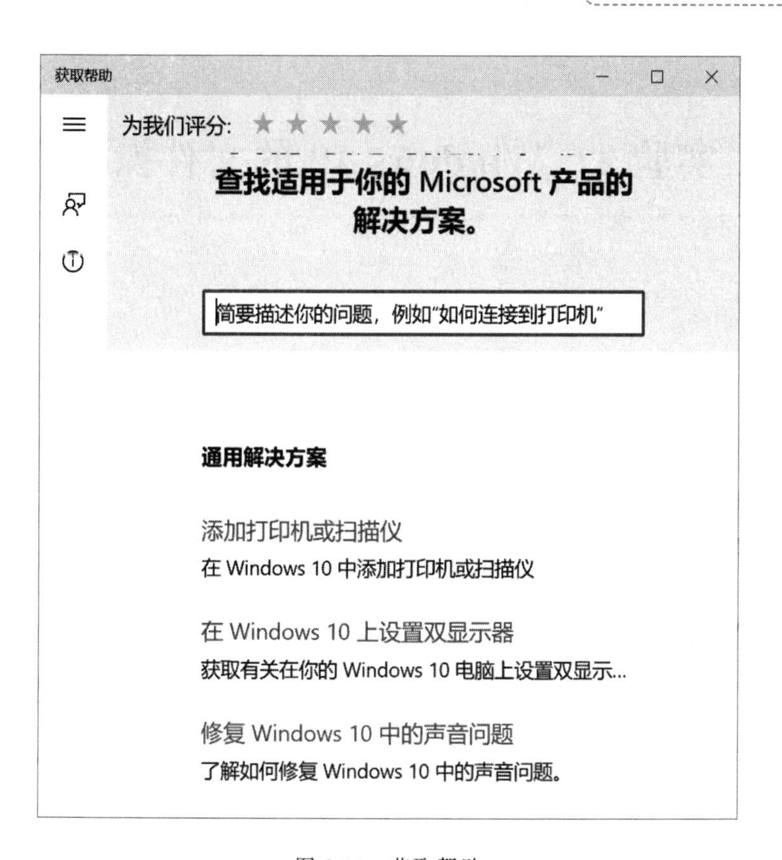
获取帮助
为我们评分:
查找适用于你的 Microsoft 产品的解决方案。
简要描述你的问题，例如"如何连接到打印机"
通用解决方案
添加打印机或扫描仪
在 Windows 10 中添加打印机或扫描仪
在 Windows 10 上设置双显示器
获取有关在你的 Windows 10 电脑上设置双显示...
修复 Windows 10 中的声音问题
了解如何修复 Windows 10 中的声音问题。

图 2-34 获取帮助

实验3　Windows 10 的文件操作

3.1　实验目的

(1) 熟练掌握 Windows 10 文件和文件夹的基本操作。
(2) 熟悉 Windows 10 操作系统的常用快捷键。
(3) 熟悉 Windows 10 操作系统的运行命令。
(4) 掌握碎片整理和磁盘清理的方法。
(5) 掌握提高系统性能的技巧。
(6) 掌握文件及文件夹的压缩与解压缩的方法。

3.2　实验内容

1. 新建文件和文件夹

(1) 用资源管理器菜单的方式,在 D 盘根目录下新建一个文件夹,名字可以学号和名字命名(如"20205100041 王五"文件夹)。

第一步:在资源管理器左窗格中选定需要建立文件夹的驱动器 D。

第二步:单击"新建文件夹"按钮,在右窗格出现的新文件夹中输入"20205100041 王五",然后按 Enter 键确定,则在磁盘中建立了一个"20205100041 王五"新文件夹,如图 3-1 所示。

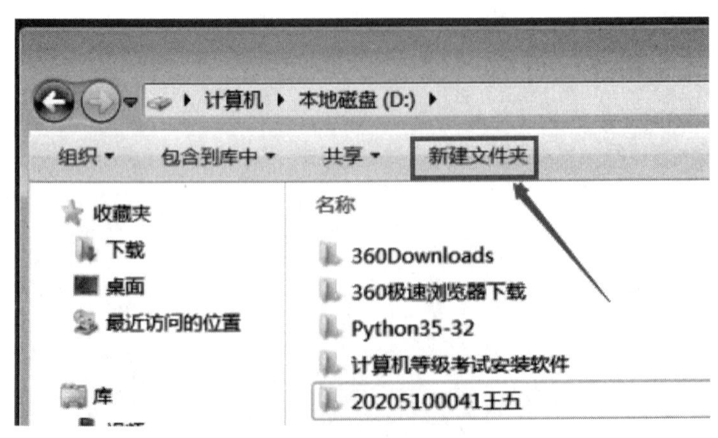

图 3-1　新建文件夹按钮

(2) 以右键菜单方式新建一个名为“student”的文件夹。

第一步:在资源管理器左窗格中选定需要建立文件夹的驱动器D。

第二步:在右窗格任意空白区域右击,在弹出的快捷菜单中选择“新建”→“文件夹”选项,如图3-2所示,在出现的新文件夹中输入“student”并确定,即在D盘中建立了一个新文件夹“student”。

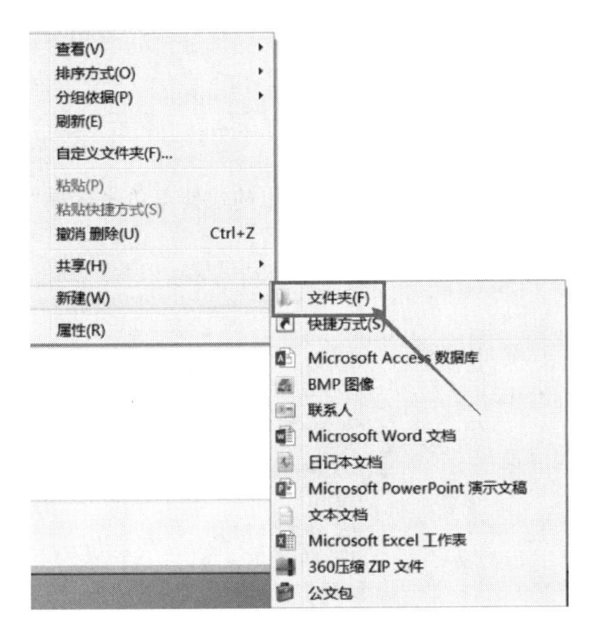

图3-2 右键新建文件夹命令

(3) 创建文件。

第一步:在桌面上,用记事本建立一个文本文件T1.txt,用“快捷菜单”→“新建”→“文本文档”命令创建文本文件T2.txt,两个文件的内容任意输入。

第二步:右击桌面空白处,在弹出的菜单中选择“新建”→“MicroSoft Word 文档”,此时屏幕上出现了一个名为“新建 Microsoft Word 文档.docx”的图标,该文档名字处于激活状态,将该文档名改为“综合.docx”(注意只改变主文件名,保留原有的扩展名“.docx”不能变)。

第三步:在“20205100041 王五”文件夹下创建“\Windows 实验\输入练习”文件夹和“20205100041 王五\Windows 实验\综合练习”两个文件夹。

2. 移动、复制文件夹和文件

(1) 移动文件:将“T1.txt”文件移动到“20205100041 王五\Windows 实验\输入练习”文件夹中。

第一步:切换到桌面,选中文本文件T1.txt后右击,在弹出的菜单中选择“剪切”命令。

第二步:打开“20205100041 王五\Windows 实验\输入练习”文件夹,在文件夹内右击,在弹出的菜单中选择“粘贴”。

(2) 文件或文件夹的复制:将“20205100041 王五\Windows 实验”下“输入练习”文件夹复制一份放到“20205100041 王五\Windows 实验\综合练习”中。

第一步：打开“20205100041 王五\Windows 实验”文件夹，选中“输入练习”文件夹后右击，在弹出的菜单中选择“复制”命令。

第二步：打开“20205100041 王五\Windows 实验\综合练习”文件夹，在文件夹内右击，在弹出的菜单中选择“粘贴”。

【问题】

复制“输入练习”文件夹时，该文件夹内的“输入练习.txt”文件是否依然存在？

3. 文件夹重命名

将 D 盘中“student”的文件夹改名为“学生”。

第一步：选定“student”文件夹后右击，在弹出的快捷菜单中选择“重命名”选项，如图 3-3 所示。

第二步：输入新的文件夹名“学生”，按 Enter 键确定。

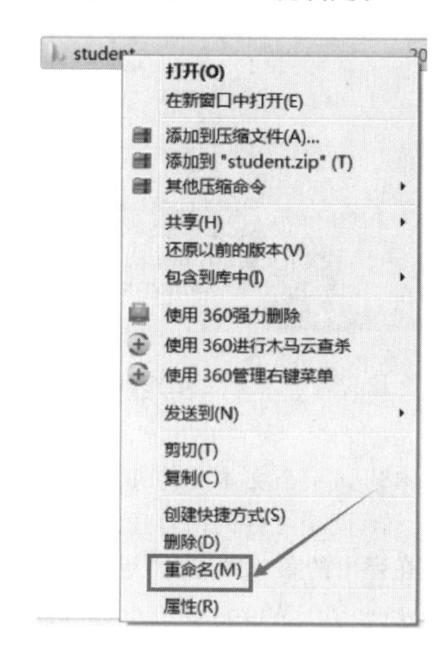

图 3-3　重命名

4. 查看文件或文件夹的属性

在“资源管理器”窗口中，右击 C 盘上的“Program Files”文件夹，在弹出的快捷菜单中选择“属性”命令，屏幕上会出现“Program Files 属性”对话框，从该对话框中可了解到该文件夹的位置、大小、包含的文件总数及子文件夹总数、创建时间、属性等信息，如图 3-4 所示。

5. 查找文件或文件夹

我们经常碰到这样的情况：有时只知道文件的部分信息（条件），却又希望能够快速地找到该（类）文件，这时可以使用 Windows 提供的查找功能。

（1）找出 C:\Windows 下所有的扩展名为.exe 的文件。

打开“Windows 资源管理器”窗口（也可使用“开始”菜单上的搜索框查找），选择搜索的

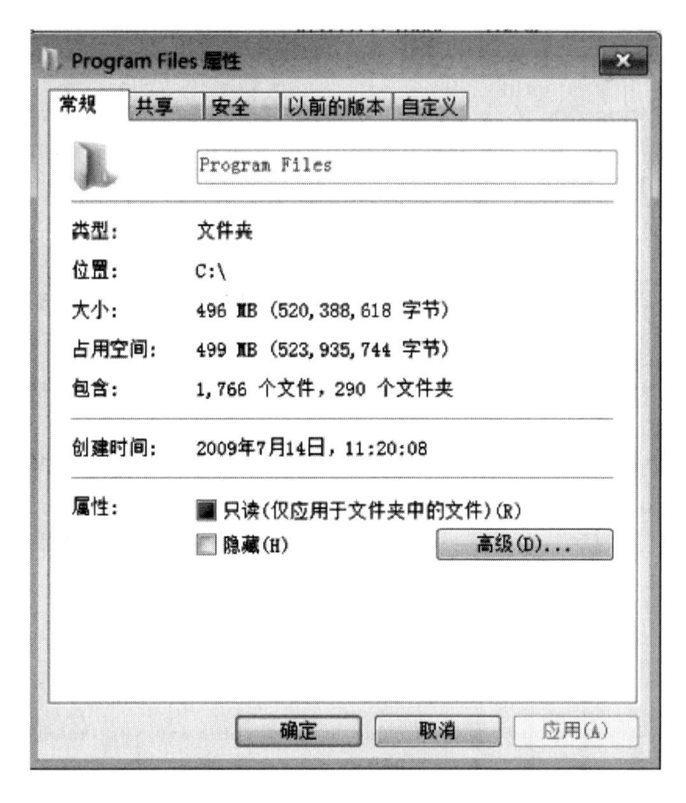

图 3-4　文件夹属性设置

驱动器，选择对应的文件夹 Windows，在搜索栏中输入“＊.exe”，即可在对应文件夹中查找，如图 3-5 所示。

图 3-5　查找文件

【注意】

搜索时，可以使用“?”和“＊”符号，“?”表示任一个字符，“＊”表示任一字符串。

【问题】

“ *.exe”的含义是什么?

(2) 请将C盘“windows”文件夹下文件名中含有字母“i”且小于10 KB的文本文档复制到“20205100041 王五\Windows 实验\综合练习”文件夹下。把正确的搜索设置画面保存在一个Word文档中,并且命名为“查找方法.docx”保存在“20205100041 王五\Windows 实验”文件夹中,如图3-6所示。

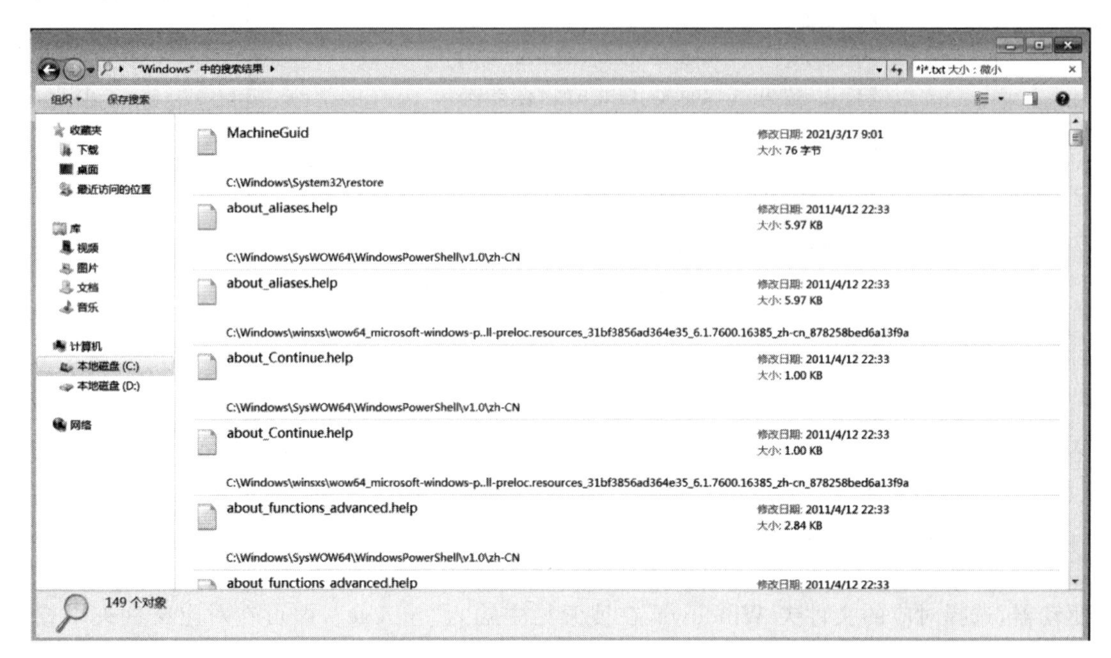

图 3-6 搜索条件设置

6. 文件夹选项

操作系统以扩展名标识文件的类型,但Windows操作系统默认不显示文件扩展名。设置D盘“20205100041 王五\Windows 实验\输入练习”文件夹的显示方式为:显示隐藏文件,不隐藏已知文件的类型的扩展名。

第一步:在资源管理器中选择“组织”按钮下的“文件夹和搜索选项”,如图3-7所示。

第二步:在弹出的对话框中选择“查看”选项卡,将“高级设置”下的“隐藏已知文件的扩展名”选项去掉,查看显示文件的扩展名。

第三步:单击“隐藏文件和文件夹”下的“显示隐藏的文件、文件夹和驱动器”选项,显示所有的文件,如图3-8所示。

7. 删除文件和文件夹

(1) 删除名为“学生”的文件夹。

第一步:在右窗格中选定“学生”文件夹,然后选择下列两种方法之一将其删除。

方法1:右击选定的文件夹,在快捷菜单中选择“删除”选项。

方法2:直接按Delete键删除。

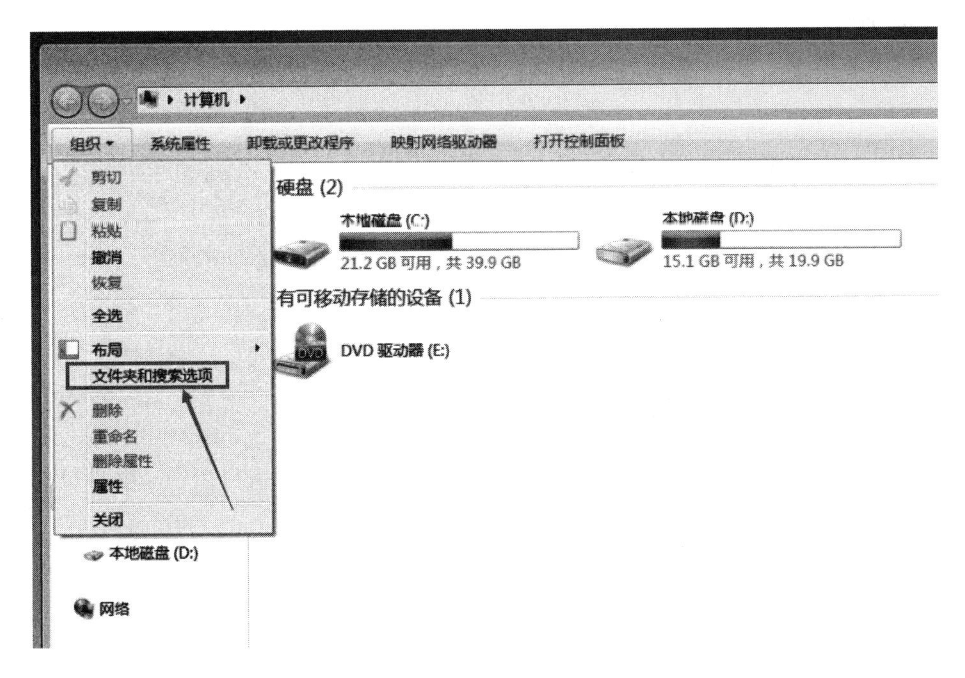

图 3-7　文件夹和搜索选项

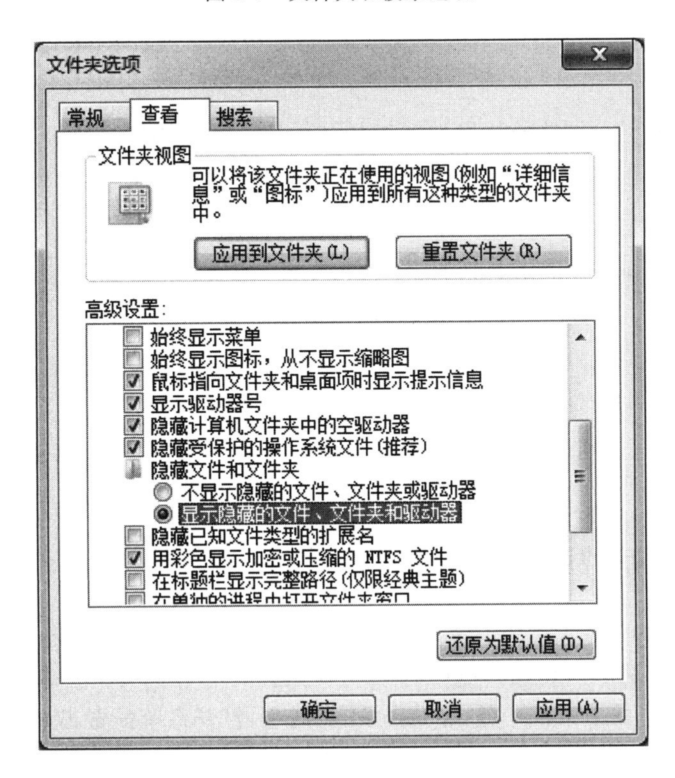

图 3-8　文件夹选项

第二步：在出现的对话框中单击“是”按钮，可看到右窗格中的文件夹“学生”被删除。删除的文件通常放到“回收站”中，必要时可以恢复。

（2）还原“学生”文件夹。

第一步：双击桌面上的“回收站”图标，打开“回收站”窗口，找到刚才删除的“学生”文件夹。

第二步：单击选中“学生”文件夹，单击“还原次项目”。

【问题】

（1）被删除的文件什么情况下进入回收站，什么情况下不进入回收站？

（2）正在使用的文件是否能够被删除？

（3）“Shift＋Delete”命令有何作用？

8. 单个与多个文件的选取方法

（1）相邻文件。选定第一个文件，按住 Shift 键不放，然后单击最后一个文件，则之间的所有文件都被选定。

（2）不相邻文件。按住 Ctrl 键不放，用鼠标逐个单击要选定的文件。

9. 文件及文件夹的压缩与解压缩

将“20205100041 王五”文件夹连同其中的文件，压缩为“myname. rar”文件，发送到自己的网络空间(邮箱或网盘等)保存。

（1）压缩。

第一步：在资源管理器中选中需要压缩的文件(夹)“20205100041 王五\Windows 实验\输入练习”。

第二步：右击，出现快捷菜单，在其中选择“添加到压缩包”。

第三步：压缩完成后，在当前文件夹下生成一个扩展名为 RAR 压缩文件，文件压缩成功。

（2）解压缩。

第一步：选择压缩文件，然后双击，出现解压缩会话框。

第二步：单击“解压到”选项，选择路径，其余项目一般采用默认，然后单击“确定”，按钮如图 3-9 所示。

10. 加快系统启动速度

微软 Windows 10 默认使用一个处理器来启动系统，但现在计算机基本都是多核处理器，通过增加用于启动的内核数量可以减少开机所用时间，方法如下：

（1）在开始菜单的搜索框中输入“msconfig”命令，打开系统配置窗口，如图 3-10 所示。

（2）选择“引导”选项卡(英文系统是“Boot”)，然后单击“高级选项”，此时就可以看到将要修改的设置项了，如图 3-11 所示。

（3）勾选“处理器数”和“最大内存”，选择其中的最大值，如图 3-12 所示。

确定后重启计算机，此时可感受到系统启动时间加快了许多。

图 3-9 解压缩

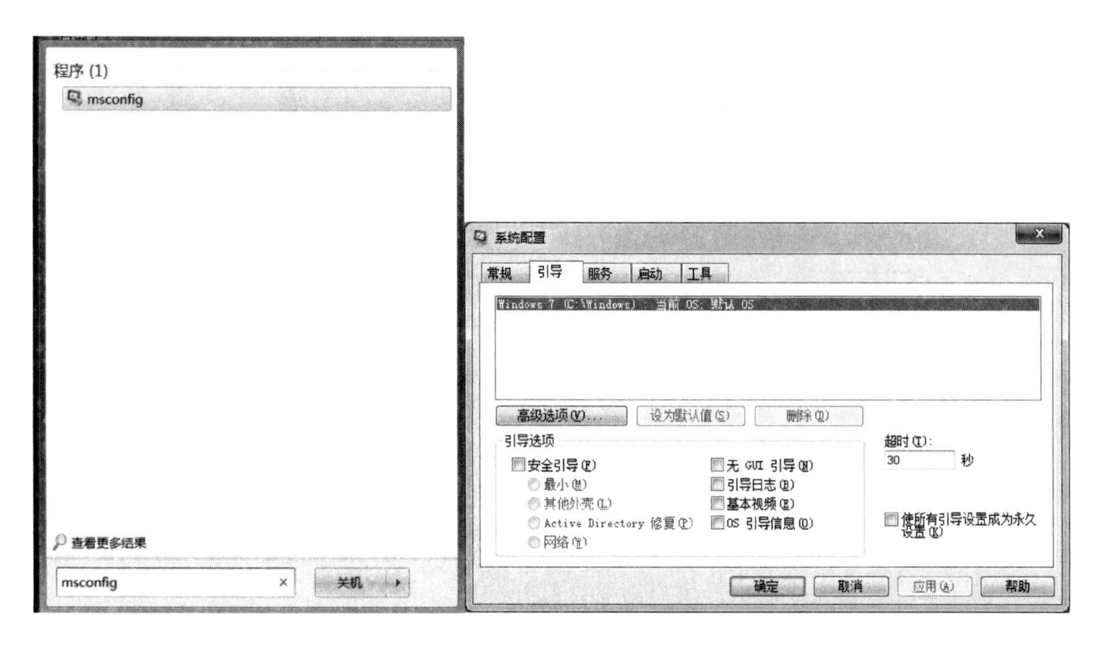

图 3-10 msconfig 命令

图 3-11　引导选项卡

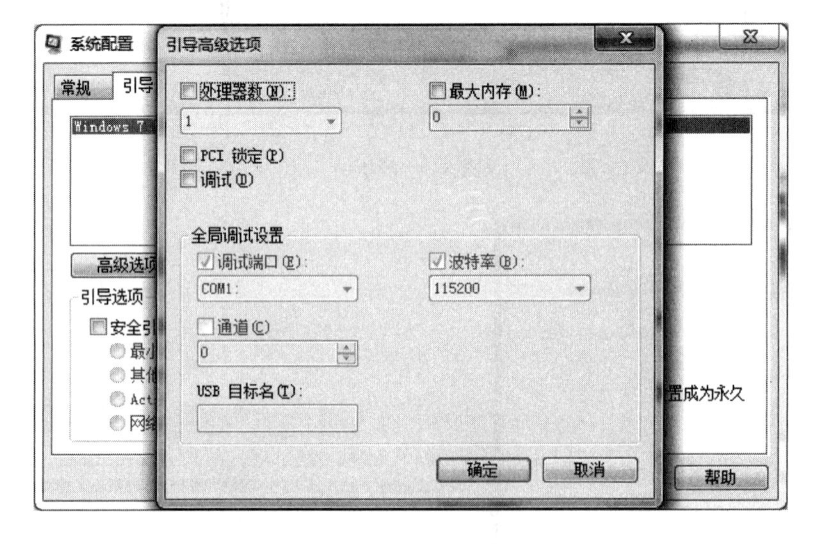

图 3-12　引导高级选项

11. 优化系统启动项

用户在使用中不断安装各种应用程序，而其中的一些程序就会默认加入系统启动项中，但这对于用户来说也许并非必要，反而造成开机缓慢的问题，如一些播放器程序、聊天工具等都可以在系统启动完成后根据用户需要再打开。

清理系统启动项可以借助一些系统优化工具来实现，但不用其他工具我们也可以做到，在开始菜单的搜索栏中键入“msconfig”打开系统配置窗口可以看到“启动”选项，在这里用户可以选择一些无用的启动项目禁用，从而加快 Windows 10 启动速度，如图 3-13 所示。

图 3-13 启动选项卡

12. 系统服务清理手动优化方案

服务是系统用以执行指定系统功能的程序或进程,其功用是支持其他应用程序,一般在后台运行。与用户运行的程序相比,服务不会出现程序窗口或对话框,只有在任务管理器中才能观察到它们的身影。

在 Windows 10 操作系统开始菜单的"搜索程序和文件"栏里输入"services. msc"或"服务",即可搜索到"服务"项,单击之后就可以打开服务管理列表窗口。双击任意一个服务即可查看或修改其属性,在属性窗口中就可以修改启动类型为"手动""自动""自动(延时启动)"或"禁用",如图 3-14 所示。

图 3-14 "服务"窗口

- “自动”启动是指电脑启动时同时加载该服务项，以便支持其他在此服务基础上运行的程序。
- “自动(延时启动)”则是 Windows 10 操作系统中非常人性化的一个设计。采用这种方式启动，可以在系统启动一段时间后延迟启动该服务项，能很好地解决一些低配置电脑因为加载服务项过多导致电脑启动缓慢或启动后响应慢的问题。
- “手动”模式，顾名思义，就是这种服务不会随着系统的启动而加载，而需要其他服务激活或者由用户进入服务管理界面后，手动启动或者修改其属性为“自动”启动。这种模式常用在需要开启一些系统原本没有开启的功能时。

以“Application Identity”服务为例，默认状态下该服务为“手动”状态，即没有启动。但是当用户需要使用 AppLocker 功能时，就必须手动启用这一服务(修改为“自动”状态)，否则 AppLocker 功能将无法正常启动。

服务启动状态为“手动”的情况下，该进程虽然关闭，但依然可以在特定情况下被激活；而设置为“禁用”后，除非用户手动修改属性，否则服务将无法运行。

修改系统服务可能会造成一些意想不到的问题，所以修改前最好将默认的服务状态进行备份。备份方法为打开服务管理窗口后依次单击“操作→导出列表”，选择“保存类型”为 TXT 文本文件或 CSV 文件(建议选择后者，该文件可用 Excel 打开)。

此外，如果出现因为修改错误导致无法正常进入系统的情况，可以在开机时按 F8 键进入安全模式，在安全模式中修改服务启动属性。

13. Windows 10 操作系统的常用快捷键

(1) 常用键盘快捷键如表 3-1 所示。

表 3-1　常用键盘快捷键及其功能

快捷键	功能
F1	显示帮助
Ctrl+C	复制选择的项目
Ctrl+X	剪切选择的项目
Ctrl+V	粘贴选择的项目
Ctrl+Z	撤销操作
Ctrl+Y	重新执行某项操作
Delete	删除所选项目并将其移动到“回收站”
Shift+Delete	不先将所选项目移动到“回收站”，而直接将其删除
F2	重命名选定项目
F3	搜索文件或文件夹
Shift+任意箭头键	在窗口中或桌面上选择多个项目，或者在文档中选择文本
Ctrl+任意箭头键+空格键	选择窗口中或桌面上的多个单个项目
Ctrl+A	选择文档或窗口中的所有项目
Alt+Enter	显示所选项的属性
Alt+F4	关闭活动项目或者退出活动程序

续 表

快捷键	功能
Alt+空格键	为活动窗口打开快捷方式菜单
Ctrl+F4	关闭活动文档(在允许同时打开多个文档的程序中)
Alt+Tab	在打开的项目之间切换
Ctrl+Alt+Tab	使用箭头键在打开的项目之间切换
Ctrl+鼠标滚轮	更改桌面上的图标大小
Alt+Esc	以项目打开的顺序循环切换项目
F6	在窗口中或桌面上循环切换屏幕元素
F4	在 Windows 资源管理器中显示地址栏列表
Shift+F10	显示选定项目的快捷菜单
Ctrl+Esc	打开“开始”菜单
Alt+加下划线的字母	显示相应的菜单
Alt+加下划线的字母	执行菜单命令(或其他有下划线的命令)
F10	激活活动程序中的菜单栏
F5	刷新活动窗口
Esc	取消当前任务
Ctrl+Shift+Esc	打开任务管理器

(2) Windows 徽标键相关的快捷键如表 3-2 所示。Windows 徽标键就是显示为 Windows 旗帜,或标有文字 Win,或 Windows 的按键(以下简称 Win 键)。

表 3-2 Windows 徽标键相关快捷键及其功能

快捷键	功能
Win	打开或关闭开始菜单
Win+M	最小化所有窗口
Win+Pause	显示系统属性对话框
Win+D	显示桌面
Win+SHIFT+M	还原最小化窗口到桌面上
Win+E	打开资源管理器
Ctrl+Win+F	搜索计算机(如果用户在网络上)
Win+F	搜索文件或文件夹
Win+L	锁定用户的计算机或切换用户
Win+R	打开运行对话框
Win+T	切换任务栏上的程序(和“Alt+ESC”组合键一样)
Win+TAB	循环切换任务栏上的程序并使用的 Aero 三维效果
Ctrl+Win+TAB	使用方向键来循环切换任务栏上的程序并使用的 Aero 三维效果
Ctrl+Win+B	切换到在通知区域中显示信息的程序
Win+空格	预览桌面

续 表

快捷键	功能
Win+↑	最大化窗口
Win+↓	最小化窗口
Win+←	最大化窗口到左侧的屏幕上
Win+→	最大化窗口到右侧的屏幕上
Win+Home	最小化所有窗口,除了当前激活窗口
Win+SHIFT+↑	拉伸窗口到屏幕的顶部和底部
Win+SHIFT+→/←	移动一个窗口,从一个显示器到另一个
Win+P	选择一个演示文稿显示模式
Win+G	循环切换侧边栏的小工具
Win+U	打开轻松访问中心
Win+x	打开 Windows 移动中心
Win+空格键	透明化所有窗口,快速查看桌面(并不切换)
Win+D	最小化所有窗口,并切换到桌面,再次按又重新打开刚才所有的窗口
Win+Tab 键	3D 桌面展示效果
Win+Ctrl 键+Tab 键	3D 桌面浏览并锁定(可截屏)
Win+数字键	针对固定在快速启动栏中的程序,按照数字排序打开相应程序

14. Windows 10 操作系统的运行命令

表 3-3 Windows 10 操作系统命令

cleanmgr	打开磁盘清理工具
compmgmt. msc	计算机管理
conf	启动系统配置实用程序
charmap	启动字符映射表
calc	启动计算器
chkdsk. exe	Chkdsk 磁盘检查
cmd. exe	CMD 命令提示符
certmgr. msc	证书管理实用程序
Clipbrd	剪贴板查看器
dvdplay	DVD 播放器
diskmgmt. msc	磁盘管理实用程序
dfrg. msc	磁盘碎片整理程序
devmgmt. msc	设备管理器
dxdiag	检查 DirectX 信息
dcomcnfg	打开系统组件服务

续 表

explorer	打开资源管理器
eventvwr	事件查看器
eudcedit	造字程序
fsmgmt. msc	共享文件夹管理器
gpedit. msc	组策略
iexpress	工具,系统自带
logoff	注销命令
lusrmgr. msc	本机用户和组
MdSched	启动 Windows 内存诊断程序
mstsc	远程桌面连接
Msconfig. exe	系统配置实用程序
mplayer2	简易 Windows Media Player
mspaint	画图板
magnify	放大镜实用程序
mmc	打开控制台
mobsync	同步命令
notepad	打开记事本
nslookup	网络管理的工具向导
narrator	屏幕“讲述人”
netstat	an(TC)命令检查接口
OptionalFeatures	打开“打开或关闭 Windows 功能”对话框
osk	打开屏幕键盘
perfmon. msc	计算机性能监测程序
regedt32	注册表编辑器
rsop. msc	组策略结果集
regedit. exe	注册表
services. msc	本地服务设置
sysedit	系统配置编辑器
sigverif	文件签名验证程序
shrpubw	创建共享文件夹
secpol. msc	本地安全策略
syskey	系统加密
Sndvol	音量控制程序
sfc. exe	系统文件检查器
sfc/scannow	Windows 文件保护(扫描错误并复原)
taskmgr	任务管理器
utilman	辅助工具管理器

续 表

winver	检查 Windows 版本
wmimgmt. msc	打开 Windows 管理体系结构(WMI)
Wscript. exe	Windows 脚本宿主设置
write	写字板
wiaacmgr	扫描仪和照相机向导
psr	问题步骤记录器
PowerShell	提供强大远程处理能力
colorcpl	颜色管理,配置显示器和打印机等中的色彩
credwiz	备份或还原储存的用户名和密码
eventvwr	事件查看器管理单元(MMC),主要用于查看系统日志等信息
wuapp	Windows 更新管理器,建议设置为更新提醒模式
wf. msc	高级安全 Windows 防火墙
soundrecorder	录音机,没有录音时间的限制
snippingtool	截图工具,支持无规则截图
slui	Windows 激活,查看系统激活信息
sdclt	备份状态与配置,就是查看系统是否已备份
Netplwiz	高级用户账户控制面板,设置登录安全相关的选项
msdt	微软支持诊断工具
lpksetup	语言包安装/删除向导,安装向导会提示下载语言包

15. 任务管理器的作用

Windows 任务管理器提供了有关计算机性能的信息,并显示了计算机上所运行的程序和进程的详细信息;如果连接到网络,那么还可以查看网络状态并迅速了解网络是如何工作的。它的用户界面提供了文件、选项、查看、窗口、帮助五大菜单项,其下还有应用程序、进程、服务、性能、联网、用户六个标签页,窗口底部则是状态栏,从这里可以查看到当前系统的进程数、CPU 使用比率、更改的内存容量等数据,默认设置下系统每隔两秒钟对数据进行一次自动更新,也可以单击“查看”→“更新速度”菜单重新设置。

启动任务管理启动方法如下。

方法一:默认情况下,在 Windows 10 及 Windows 8 中使用“Ctrl+Shift+Esc”组合键调出。

方法二:右击任务栏选择“任务管理器”。

方法三:“Ctrl+Alt+Delete”组合键也可以打开,只不过要先回到锁定界面,然后选择“任务管理器”。

方法四:为 c:\Windows\System32\taskmgr. exe 文件在桌面上建立一个快捷方式,然后为此快捷方式设置一个热键,以后就可以一键打开任务管理器了。

方法五:使用“运行”对话框打开任务管理器。使用“Win+R”组合键打开运行对话框,然后输入“taskmgr”(或“taskmgr.exe”)如图3-15所示，单击“运行”，即打开“任务管理器”。

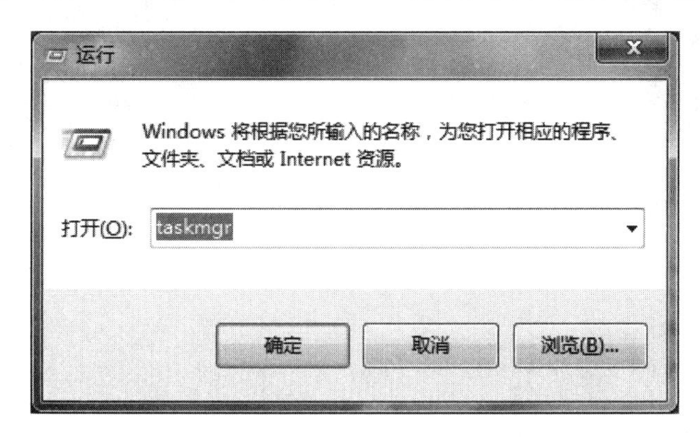

图3-15　运行

• 使用“任务管理器”关闭、打开应用程序

打开“任务管理器”，选择“应用程序”选项卡，这里只显示当前已打开窗口的应用程序，选中应用程序，单击“结束任务”按钮可直接关闭该应用程序(如图3-16所示)；如果需要同时结束多个任务，可以按住Ctrl键复选。

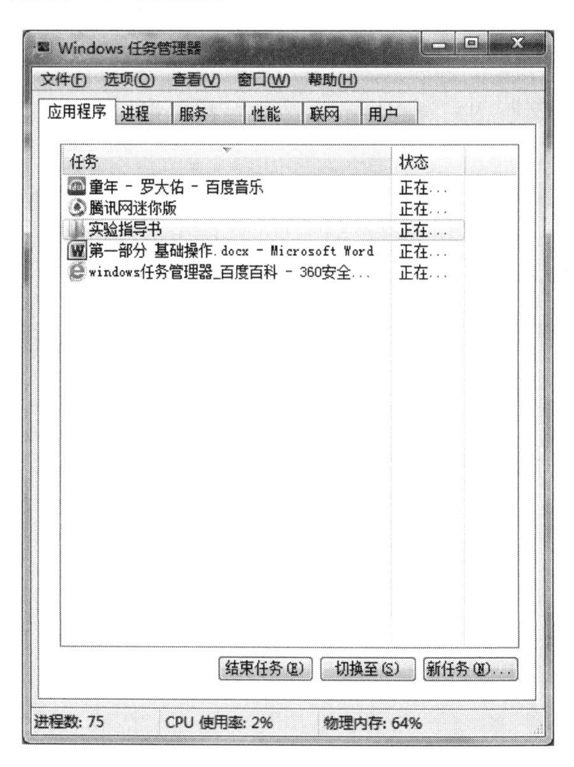

图3-16　任务管理器之应用程序

单击“新任务”按钮，可以直接打开相应的程序、文件夹、文档或Internet资源，可以直接在文本框中输入，也可以单击“浏览”按钮进行搜索，如图3-17所示。

• 使用“任务管理器”关闭当前正在运行的进程

切换到“进程”选项卡，这里显示了所有正在运行的进程，包括应用程序、后台服务等，那

图 3-17　任务管理器之创建新任务

些隐藏在系统底层深处运行的病毒程序或木马程序都可以在这里找到，当然前提是要知道它的名称。

单击需要结束的进程名称，然后单击“结束进程”按钮，就可以强行终止所选进程，如图 3-18 所示。不过这种方式会丢失未保存的数据，而且如果结束的是系统服务，则系统的某些功能可能无法正常使用。

图 3-18　任务管理器之进程

• 通过“任务管理器”的“性能”选项卡了解计算机的各种性能，如图 3-19 和表 3-4 所示。

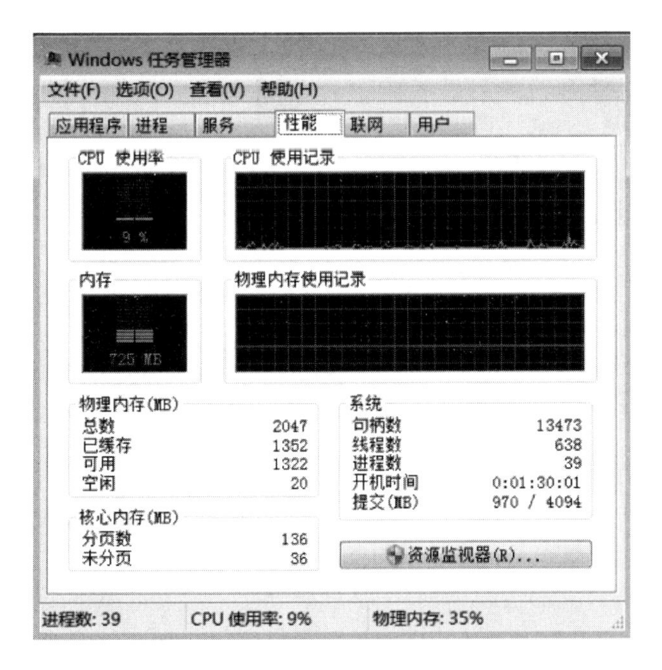

图 3-19　任务管理器之性能

表 3-4　任务管理器之性能说明

CPU 使用	表明处理器工作时间百分比的图表，该计数器是处理器活动的主要指示器，查看该图表可以知道当前使用的处理时间是多少
CPU 使用记录	显示处理器的使用程序随时间变化情况的图表，图表中显示的采样情况取决于“查看”菜单中所选择的“更新速度”设置值，“高”表示每秒 2 次，“正常”表示每两秒 1 次，“低”表示每 4 秒 1 次，“暂停”表示不自动更新
PF 使用率	正被系统使用的页面文件的量
页面文件使用记录	显示页面文件的量随时间的变化情况的图表，图表中显示的采样情况取决于“查看”菜单中所选择的“更新速度”设置值
总数	显示计算机上正在运行的句柄、线程、进程的总数
认可用量	分配给程序和操作系统的内存，由于虚拟内存的存在，“峰值”可以超过最大物理内存，“总数”值则与“页面文件使用记录”图表中显示的值相同
物理内存	计算机上安装的总物理内存，也称 RAM，“可用数”表示可供使用的内存容量，“系统缓存”显示当前用于映射打开文件的页面的物理内存
核心内存	操作系统内核和设备驱动程序所使用的内存，“分页数”是可以复制到页面文件中的内存，由此可以释放物理内存。“未分页”是保留在物理内存中的内存，不会被复制到页面文件中

16. 设置鼠标属性

在“控制面板”窗口中单击，弹出如图 3-20 所示的对话框。

图 3-20　鼠标属性

在对话框中根据自己需要设置相应的选项，如鼠标键、指针、指针选项、滑轮及硬件选项卡进行相应的设置。单击“确定”按钮可以保存设置并关闭对话框。

17. 磁盘清理

第一步：选择要清理的驱动器右击，在弹出的菜单中选择属性，打开对应的磁盘属性对话框。

第二步：单击“磁盘清理”按钮，打开磁盘清理对话框，如图 3-21 所示。

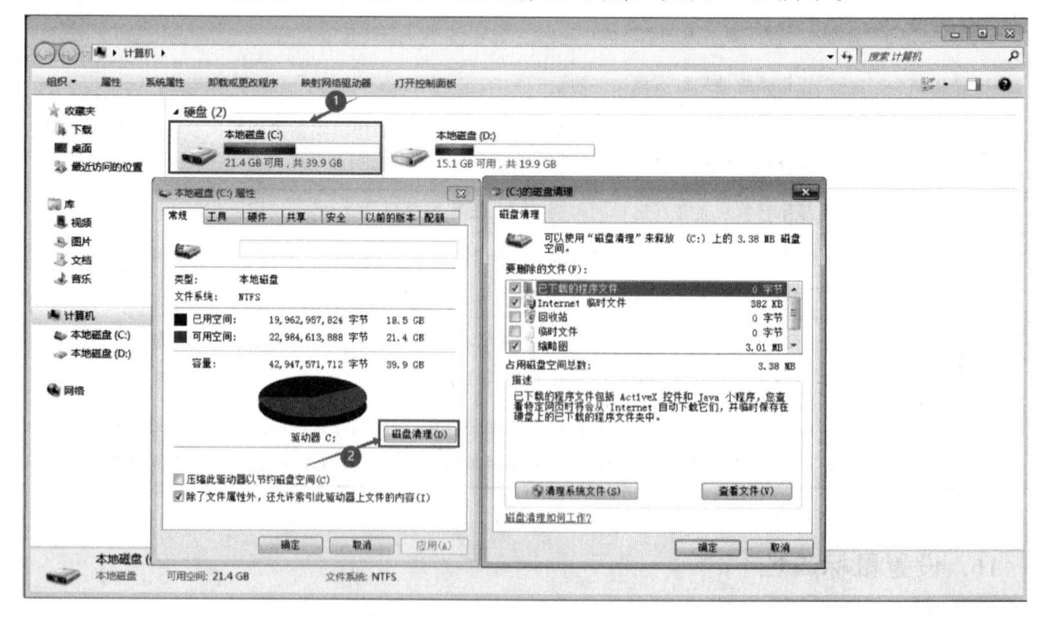

图 3-21　磁盘清理

第三步：单击“清理系统文件”按钮，让系统进行扫描。在打开的对话框中勾选要删除的复选框后单击“确定”按钮，此时弹出“删除确认”对话框，单击“删除文件”，立即开始清理磁盘操作，如图 3-22 所示。

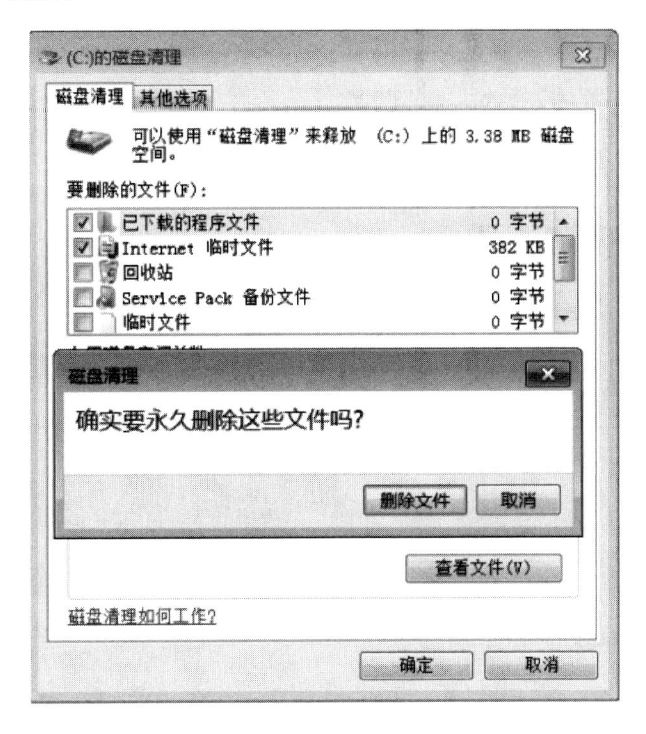

图 3-22 确认删除

18. 碎片整理

第一步：选择要进行碎片整理的驱动器，右击，在弹出的菜单中选择“属性”，打开对应的磁盘属性对话框，选择“工具”选项卡。

第二步：单击“立刻进行碎片整理”按钮，打开磁盘脆皮整理程序对话框。

第三步：分别选定 C：盘和 D：盘，单击“分析磁盘”按钮，对不同的磁盘进行分析后会显示相应的碎片比例。根据比例，可确定是否进行磁盘碎片整理，如图 3-23 所示。

也可以对磁盘整理设定计划操作，单击“配置计划”按钮，弹出如图 3-24 所示的对话框，设置计划操作及对应磁盘。

还可以单击“磁盘碎片整理程序”中“配置计划(S)”按钮，进行设置电脑按计划自动整理对应的设置，设置完成后单击“确定(O)”按钮，即可完成磁盘碎片整理的自动化设置。

19. 磁盘管理技巧

在硬盘中频繁进行一些数据删除操作、保存操作，或者频繁进行一些程序的安装操作、卸载操作后，硬盘常常会发生一些逻辑上的混乱现象，这种现象或许不会影响到眼前的文件存取操作，不过它会明显降低数据读写的效率，严重的话还能影响文件保存的安全性。

事实上，当用户不小心遭遇到硬盘出现逻辑混乱现象时，可以借助 Windows 系统自带

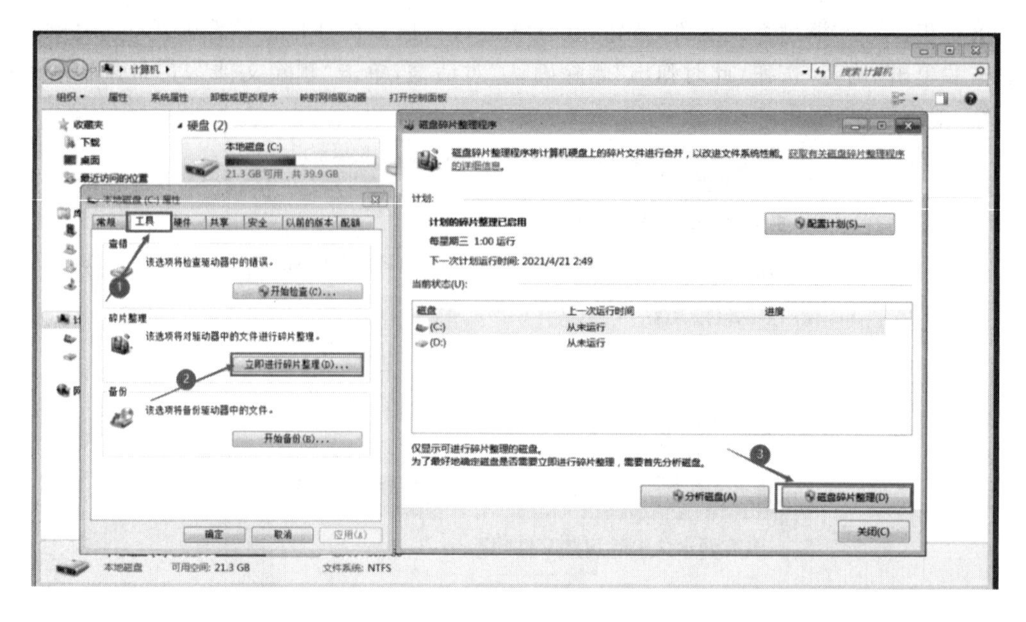

图 3-23　磁盘碎片整理程序

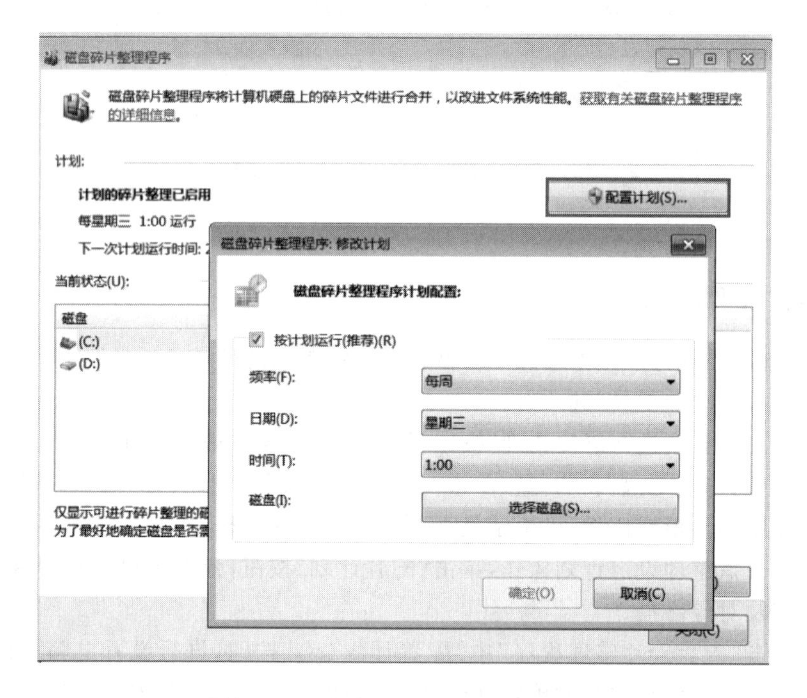

图 3-24　磁盘水平整理程序:修改计划

的系统查错功能，来及时为硬盘的逻辑混乱现象纠错，保证硬盘在日后存取数据时的访问速度不受影响。在对硬盘的逻辑混乱现象进行纠错时，用户不妨依照下面的步骤来操作。

首先，双击系统桌面中的“我的电脑”图标，并在其后出现的窗口中找到目标硬盘所对应的磁盘分区符号，右击该分区图标，并执行快捷菜单的“属性”命令，打开对应硬盘的参数设置窗口。

其次，在该参数设置窗口中单击“工具”选项卡，进入如图 3-25 所示的选项设置页面，单击该设置页面"查错"处的"开始检查"按钮,然后在弹出的"检查磁盘"设置框中,选中"自动修复文件系统错误"复选项和"扫描并试图恢复坏扇区"复选项,接下来单击"开始"按钮,Windows 系统就会自动对硬盘中的逻辑混乱现象进行纠错了。一旦纠错操作完毕后,用户再次对指定硬盘进行数据读写操作时,就会发现数据读写速度明显快了许多。

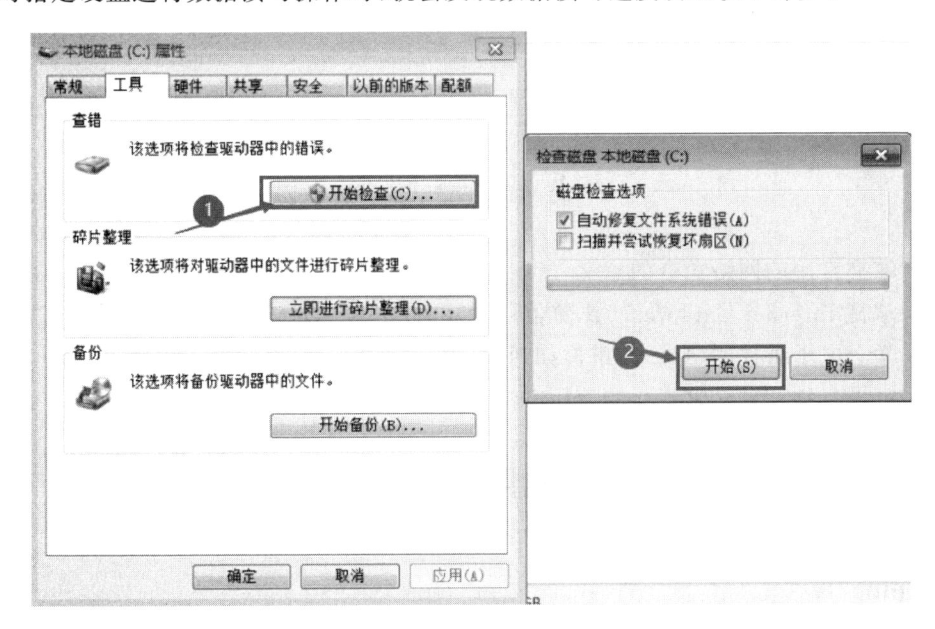

图 3-25 检查磁盘

实验 4　常用的网络操作

4.1 实验目的

（1）掌握常用的网络命令的意义。

（2）掌握 Internet Explorer 9 浏览器的使用方法。

（3）学会电子邮件的申请，并掌握如何收发电子邮件。

（4）掌握各种信息检索工具的使用方法。

4.2 常用的网络命令

1. ping

ping 命令在网络中是一个十分强大的 TCP/IP 工具，主要用于确定网络的连通性。这对确定网络是否正确连接，以及网络连接的状况十分有用。简单地说，ping 就是一个测试程序，如果 ping 运行正确，大体上就可以排除网络访问层、网卡、Modem 的输入输出线路、电缆和路由器等存在的故障，从而缩小问题的范围。

（1）ping 命令的主要作用

① 用来检测网络的联通情况和分析网络速度。ping 能够以毫秒为单位显示发送请求到返回应答之间的时间量。如果应答时间短，表示数据报不必通过太多的路由器或网络，连接速度比较快。

② 根据 ping 返回的 TTL 值来判断对方使用的操作系统及数据包经过的路由器数量。

ping 命令格式如下：

ping 主机名

ping 域名

ping IP 地址

如图 4-1 所示，使用 ping 命令检查到 IP 地址 210.43.16.17 的计算机的连通性，该例为连接正常，共发送了四个测试数据包，正确接收了四个数据包。

（2）ping 命令的基本应用

一般情况下，用户可以通过使用一系列 ping 命令来查找问题源或检验网络运行的情况。下面就给出一个典型的检测次序及对应的可能故障的例子。

① ping 127.0.0.1。如果测试成功，表示网卡、TCP/IP 协议的安装、IP 地址、子网掩码的设置正常；如果测试不成功，就表示 TCP/IP 的安装或设置存在有问题。

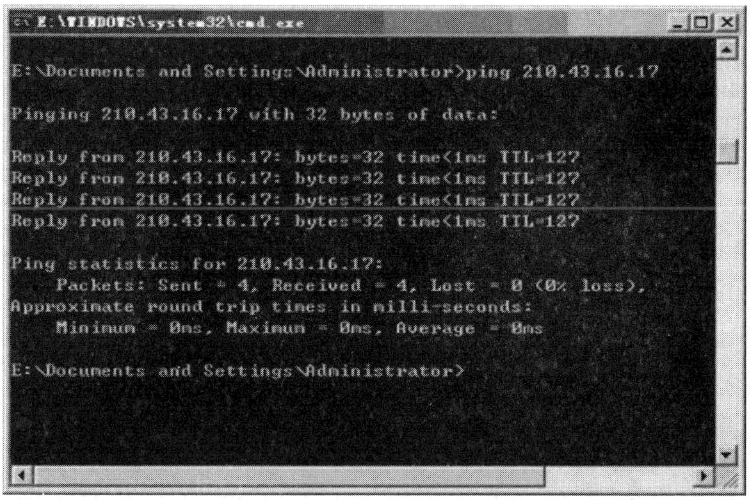

```
E:\WINDOWS\system32\cmd.exe

E:\Documents and Settings\Administrator>ping 210.43.16.17

Pinging 210.43.16.17 with 32 bytes of data:

Reply from 210.43.16.17: bytes=32 time<1ms TTL=127
Reply from 210.43.16.17: bytes=32 time<1ms TTL=127
Reply from 210.43.16.17: bytes=32 time<1ms TTL=127
Reply from 210.43.16.17: bytes=32 time<1ms TTL=127

Ping statistics for 210.43.16.17:
    Packets: Sent = 4, Received = 4, Lost = 0 (0% loss),
Approximate round trip times in milli-seconds:
    Minimum = 0ms, Maximum = 0ms, Average = 0ms

E:\Documents and Settings\Administrator>
```

图 4-1　ping 命令

② ping 本机 IP 地址。如果测试不成功,则表示本地配置或安装存在问题,应当对网络设备和通信介质进行测试、检查并排除。

③ ping 局域网内其他 IP。如果测试成功,表示本地网络中的网卡和载体运行正确。但如果收到 0 个回送应答,则表示子网掩码不正确或网卡配置错误或电缆系统有问题。

④ ping 网关 IP。这个命令如果应答正确,表示局域网中的网关路由器正在运行并能够做出应答。

⑤ ping 远程 IP。如果收到正确应答,表示成功地使用了缺省网关。对于拨号上网用户则表示能够成功的访问 Internet(但不排除 ISP 的 DNS 会有问题)。

如果上面所列出的 ping 命令都能正常运行,则计算机进行本地和远程通信基本没有问题。但是,这些命令的成功并不表示用户所有的网络配置都没有问题,例如某些子网掩码错误就可能无法用这些方法检测到。

(3) ping 命令的常用参数选项

ping IP -t:连续对 IP 地址执行 ping 命令,直到被用户以“Ctrl+C”组合键中断。

ping IP -l 2000:指定 ping 命令中的特定数据长度(此处为 2 000 字节),而不是缺省的 32 字节。

ping IP -n 20:执行特定次数(此处是 20)的 ping 命令。

【注意】

随着防火墙功能在网络中的广泛使用,当用户 ping 其他主机或其他主机 ping 用户主机而显示主机不可达时,不要草率地下结论。最好与对某台“设置良好”主机的 ping 结果进行对比。

2. ipconfig

ipconfig 实用程序可用于显示当前的 TCP/IP 配置的设置值,这些信息一般用来检验人工配置的 TCP/IP 设置是否正确。

而且,如果计算机和所在的局域网使用了动态主机配置协议 DHCP,使用 ipconfig 命令可以了解到用户的计算机是否成功地租用到了一个 IP 地址。如果已经租用到，则可以了解其 IP 地址、子网掩码和缺省网关等网络配置信息。接下来给出最常用的选项。

(1) ipconfig

当使用不带任何参数选项 ipconfig 命令时，显示每个已经配置了的接口的 IP 地址、子网掩码和缺省网关值。

(2) ipconfig/all

当使用 all 选项时，ipconfig 能为 DNS 和 WINS 服务器显示其已配置且所有使用的附加信息，并且能够显示内置于本地网卡中的物理地址(MAC)。如果 IP 地址是从 DHCP 服务器租用的，ipconfig 将显示 DHCP 服务器分配的 IP 地址和租用地址预计失效的日期，如图 4-2 所示。

图 4-2　ipconfig/all

3. ARP

ARP(地址转换协议)是 TCP/IP 协议族中的一个重要协议，用于确定对应 IP 地址的网卡物理地址。

使用 ARP 命令，能够查看本地计算机或另一台计算机的 ARP 高速缓存中的当前内容。此外，使用 ARP 命令可以人工方式设置静态的网卡物理地址/IP 地址对，使用这种方式可以为缺省网关和本地服务器等常用主机进行本地静态配置，这有助于减少网络上的信息量。

按照缺省设置，ARP 高速缓存中的项目是动态的，每当向指定地点发送数据并且此时高速缓存中不存在当前项目时，ARP 便会自动添加该项目。

常用命令选项：

(1) arp-a

arp-a 用于查看高速缓存中的所有项目，如图 4-3 所示。

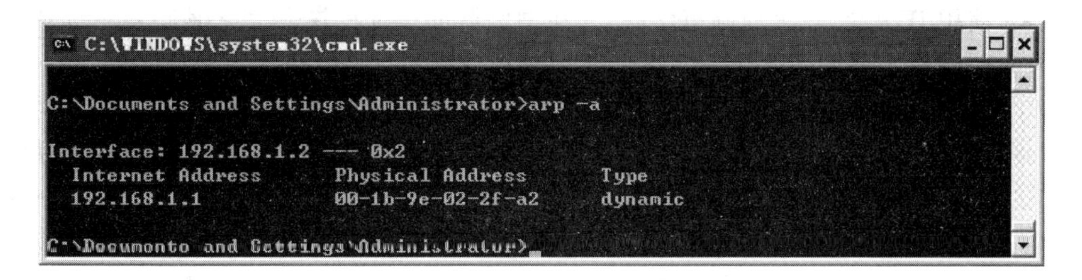

图 4-3 arp-a

(2) arp-a IP

如果有多个网卡,则使用 arp-a 加上接口的 IP 地址,就可以只显示与该接口相关的 ARP 缓存项目。

(3) arp-s IP 物理地址

向 ARP 高速缓存中人工输入一个静态项目。该项目在计算机引导过程中将保持有效状态,或者在出现错误时,人工配置的物理地址将自动更新该项目。

4.3 Internet Explorer 9 的使用

(1) Internet Explorer(IE 9)的启动和退出。常用启动方法有三种:

- 单击 Windows 桌面上的 IE 9 的快捷方式图标。
- 打开“开始”→“所有程序”,在程序列表中选择 “Internet Explorer”。
- 在“开始”的搜索框中输入“Explorer”,在弹出的列表项中选择“Internet Explorer”。

(2) 四种常用退出方法。

- 执行“文件/退出”命令。
- 双击 IE 窗口左上角。
- 按“Alt+F4”组合键。
- 单击窗口右上角的关闭按钮。

(3) 熟悉 IE 9 的窗口组成和常用快捷键。IE 9 的界面十分简洁美观,简化的导航栏为网页留下了更多空间,只有最常用的导航工具,例如前进和后退按键、整合的地址/搜索栏、主页按钮、收藏夹、源和历史记录按钮、工具按钮,并且隐藏菜单栏。IE 9 的常用快捷键如表 4-1 所示。

表 4-1 常用快捷键

按键	任务
Alt	显示菜单栏,在完成选择之后,菜单栏便会消失
Alt+M	转至主页
Alt+C	查看收藏夹、订阅源和浏览历史记录
Ctrl+J	打开下载管理器
Ctrl+L	突出显示地址栏中的文本
Ctrl+D	在收藏夹中添加网页
Ctrl+B	组织管理收藏夹

(4) 使用 IE 9 浏览“太原师范学院”。在浏览器的地址栏输入太原师范学院的主页地址“http://www.tynu.edu.cn”,按“Enter”键即可访问。

(5) 使用 IE 9 保存太原师范学院的主页。将使用浏览器打开的“太原师范学院”主页保存,可保存为多种文件类型。保存的方法:单击“文件”菜单|“另存为”命令,在打开的保存网页窗口选中保存位置,设置保存类型。网页可以保存的类型有:网页,全部(*.htm,*.html)、Web 档案,单个文件(*.mht)、网页,仅 HTML(*.htm,*.html),文本文件(.txt)。

(6) 使用 IE 9 保存“太原师范学院”上的图片文件。在“太原师范学院”主页中选中要保存的图片文件,右击,在弹出的快捷菜单中选中“图片另存为”命令,将图片保存在计算机相应的文件夹中。

(7) 把“太原师范学院”设置为 IE 9 的主页。单击浏览器右上角的工具按钮,在弹出的菜单中选择“Internet 选项”命令,打开“Internet 选项”对话框,如图 4-4 所示。在常规选项卡的主页列表框中,可以手动输入主页地址,并且可以同时设置多个网页作为主页,也可以使用空白页、默认页、当前页作为浏览器的主页。请尝试设置多个主页,设置完成后单击应用和确认按钮。

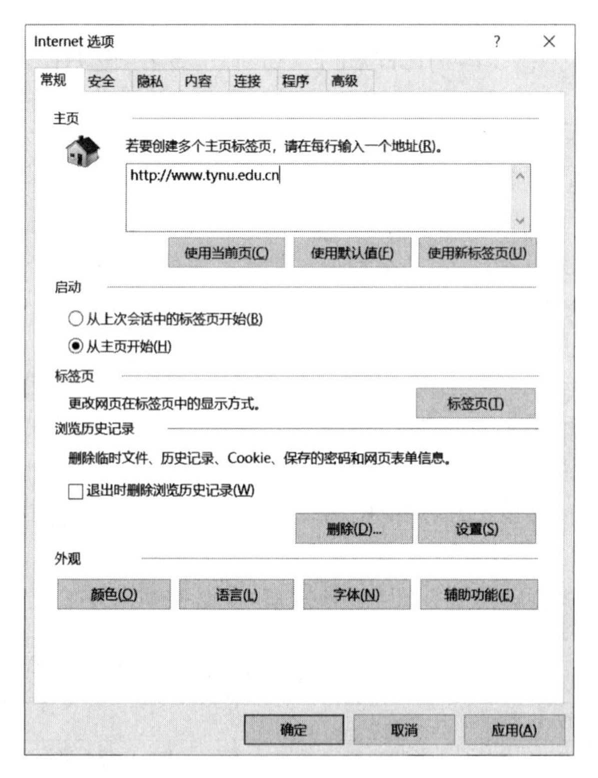

图 4-4 Internet 选项

(8) 把“太原师范学院”添加到收藏夹。单击窗口右上角工具栏中的按钮(查看收藏夹、源和历史记录),则弹出收藏中心窗口;单击收藏中心窗口中的“添加到收藏夹”按钮,出现“添加收藏”对话框;设置收藏网页的名称以及创建位置,单击“添加”按钮,完成收藏任务。

(9) 查看浏览器的访问历史记录并清除历史记录。单击窗口右上角工具栏中的按钮(查看收藏夹、源和历史记录),则弹出收藏中心窗口,使用“历史记录”选项卡,可以在历史记录窗口查看最近浏览的记录。历史记录可以按照站点、日期、访问次数和按今天的访问顺序查看。

删除历史记录的方法如下。

- 单条历史记录：在历史记录窗口中右键选择要删除的项目，在弹出的快捷菜单中选择“删除”命令。
- 退出时，删除浏览器历史记录：单击浏览器右上角的工具按钮⚙，在弹出的菜单中选择“Internet 选项”命令，在打开“Internet 选项”对话框中，可以设置浏览器历史记录为“退出时删除历史记录”。
- 删除浏览的历史记录：在打开的“Internet 选项”对话框中单击“删除”按钮，在弹出的“删除浏览的历史记录”对话框中勾选要删除的项目，比如历史记录，单击“删除”按钮，完成任务。

(9) 把“太原师范学院”主页锁定在任务栏。把浏览器中“太原师范学院”网站的选项卡拖到任务栏上，该网站的图标将停留在任务栏，直到用户将其删除。以后单击该图标时，该网站就会在 Internet Explorer 中打开。

(10) 使用“新建选项卡”浏览最近使用的网站。通过单击最近打开的选项卡右侧的“新建选项卡”按钮可以打开一个选项卡。使用选项卡式浏览，可以在一个窗口中打开多个网页。若要同时查看两个选项卡式网页，请单击一个选项卡，然后将其从 Internet Explorer 窗口拖出来，在新窗口中打开该选项卡的网页。

4.4 申请和使用电子邮箱

目前，很多网站都提供电子邮箱服务，电子邮箱分为个人版和企业版。通常情况下，普通个人版电子邮箱的使用是免费的，而个人版的 VIP 邮箱通常会收取相应的服务费。个人用户收、发邮件可以直接登录邮件服务提供商的网站，通过 Web 方式访问自己的邮箱。

(1) 邮箱注册

以网易的 163 邮箱为例，如果用户已经拥有了自己的电子邮件信箱(E-mail box)，请跳过这一步。

第一步：在浏览器中输入 http://mail.163.com，打开 163 邮箱的主页，如图 4-5 所示。

第二步：单击图 4-6 中的“注册”按钮，进入注册界面。

邮件地址可以设置为手机号码，也可以选择其他包含 6～18 个字符的字母、数字、下划线组合。邮箱名不分大小写，如果申请的名字已经被人使用过了，就需要多换几个名字试一试。

(2) 登录邮箱

注册完邮箱以后，打开 163 邮箱的登录页面，输入账号和密码，单击“登录”按钮，即可进入邮箱。

(3) 发送邮件

第一步：进入个人电子邮箱后，出现如图 4-7 所示的界面。

第二步：单击红色框中的“写信”按钮，进入写邮件界面，如图 4-8 所示。

(4) 接收邮件

打开收件箱，单击“收信”按钮，即可接收邮件。选择收件箱中的某一封邮件，单击邮件，即可打开相应邮件，查看其内容。如果“附件”右侧有文件，说明该邮件有附件，单击“查看附件”。

图 4-5　网易邮箱主页

图 4-6　网易邮箱注册

通过添加附件操作，用户可以通过电子邮件传送文件、图片、图像等。但每封邮件的大小是有限定的，具体大小由邮箱服务商来确定。

【注意】

（1）不明来源的邮件附件，最好不要直接打开，以免中毒。

（2）邮箱中难免会收到广告邮件等垃圾邮件，请注意甄别，不要轻易相信广告邮箱的内容。

（3）邮箱的容量有限，请及时将重要邮件保存至个人电脑的硬盘中。

（4）通过邮箱发送大容量附件，速度比较慢，而且有容量限制。

图 4-7　个人邮箱

图 4-8　写邮件

4.5　信息检索

(1) 使用中国知网检索论文和文献。

第一步：打开中国知网首页(http://www.cnki.net/)。网站有两种入口：电信、网通用户入口和教育网用户入口。如果在学校访问，可以选择教育网用户入口。

第二步：选择中国知识资源总库中的学术文件总库，打开检索页面。在检索页面可以设置检索的条件和文件内容特质，以及选择文献学科范围和定制文献库。

第三步：检索主题为"计算机的硬件发展"，日期从 2010 年到 2020 年，其他条件均不设置。单击"检索文献"按钮，在检索结果列表中可以查看检索记录条数，选择排序方法。

第四步：选择列表中的题名列表中的文献标题，即可以查询具体内容。比如选择序号为

“1”的第一条记录的题名,则打开该文献的简单介绍。

如果要下载整片文章阅读,需要中国知网合法用户。如果在学校访问,可以从学校图书馆主页进入中国知网,直接查阅和阅读相应文献。

(2) 使用电子地图。打开搜狗电子地图(http://map.sogou.com/)。搜狗电子地图提供二维、三维和卫星电子地图。

- 使用二维电子地图

默认情况下,打开搜狗地图主页,即可查看二维电子地图,此类地图就是把二维纸质地图数字化。用户可以查看中国地图,也可以查看城市地图。如果要切换城市,可以在城市切换列表选择已经纳入电子地图的城市,也可以在搜索框中直接输入城市名称,或者单击“更改”,在城市列表中直接选择。

例如,选择城市“晋中”,在搜索框中输入“太原师范学院”,单击“搜索”按钮,即可以看到与“太原师范学院”相关的多个搜索结果,选择其中一个结果,弹出“详情”对话框,可以查阅交通路线,也可以查阅周边情况。

- 使用三维地图

在地图区域左上角的类型切换按钮区域单击“三维”按钮,即可查询当前地图的三维效果。与二维地图比较,三维地图对地形的展示更直观。用户可以查看被放大的“太原师范学院”三维效果地图。

- 使用卫星地图

在地图区域左上角的类型切换按钮区域单击“卫星”按钮,即可查询当前地图的卫星拍摄效果。卫星地图除了直观之外,还能反映地貌特点。所以,当需要查阅地形比较复杂的位置时,卫星地图更实用一些。

目前,搜狗地图的二维地图城市覆盖面积最大,三维地图和卫星地图仅覆盖比较大的城市。

除搜狗地图之外,尝试使用百度地图(http://map.baidu.com),Google 地图(http://ditu.google.cn/),它们的使用方法除了自身特有的功能以外,其他操作方法基本相同。

谷歌地球(Google Earth,GE)是一款由 Google 公司开发的虚拟地球仪软件,它把卫星照片、航空照相和 GIS 布置在一个地球的三维模型上,用户可以下载这款软件,并尝试实用。

(3) 常用搜索引擎的使用方法。

- 使用百度

百度(http://www.baidu.com)是全球最大的中文搜索引擎,2000 年 1 月由李彦宏、徐勇两人创立于北京中关村,致力于向人们提供“简单,可依赖”的信息获取方式。“百度”二字源于中国宋朝词人辛弃疾的《青玉案·元夕》词句“众里寻他千百度”,象征着百度公司对中文信息检索技术的执着追求。

使用方法很简单,首先选择搜索的范围:新闻、网页、贴吧、百科等,然后输入搜索关键字,最后单击“百度一下”按钮。尝试选择范围为“新闻”,在搜索框中输入“中国传媒大学”,查看有多少条满足搜索条件的结果。

图片搜索需要单击“图片”选项,类型选择“全部图片”,在搜索框中输入和图片类型相关关键字,比如输入“辽宁号”,搜索查看所有和“辽宁号”相关的图片。

用户可以尝试使用百度搜索音乐、视频、百科知识等。

• 使用其他搜索引擎

除了百度之外，尝试使用其他常用的搜索引擎：

√ 搜狗：www.sogou.com

√ 腾讯搜搜：www.soso.com

√ 新浪爱问：iask.sina.com.cn

请比较各种搜索引擎的异同，总结搜索引擎的使用技巧。

4.6 实验作业

(1) 打开浏览器，打开百度的主页。

(2) 使用搜索引擎搜索"共产党员网"。

(3) 打开"共产党员网"主页，并把该主页设置为浏览器的主页。

(4) 在"共产党员网"网站上查看"党的历史"栏目下内容，并选择一篇内容，将其保存到电脑上。

(5) 用申请好的邮箱给自己发一封带有附件内容的邮件，附件内容为刚保存的网页。

(6) 使用IE浏览器打开自己的邮箱，查看刚收到的电子邮件，并下载附件内容。

(7) 如果要搜索软件，有哪些搜索引擎可以使用？请列举几个比较常用的。

(8) 搜索一下常用的浏览器，并比较其优缺点。

实验5　Word基本操作

5.1　实验目的

（1）熟悉Word 2016的启动和退出；熟悉Word 2016窗口界面的组成；熟悉文档的建立、打开及保存。

（2）掌握文档的基本编辑：文字录入、选定、复制、移动及删除；掌握文档编辑过程中的快速编辑操作：查找及替换。

（3）了解Word 2016文字处理系统中文档的五种视图方式。

（4）掌握字符的格式化和段落的格式化。

（5）掌握项目符号和编号的使用，掌握文档的分栏操作和文档的页面设置。

5.2　实验内容

1. 文档输入

（1）题目要求

在"D:\学号姓名"文件夹下创建一个新的文件夹"Word实验"。

创建一个新文档，输入以下内容后保存在以"Word实验"的文件夹中，文件命名为"01-随笔.docx"，要求日期设置为自动更新。

2020年12月11日星期五☺，室内气温在2℃~9℃之间。想要找到一种抵御忧伤、彷徨的力量。一种可以把青春变为火红的力量。我走上了考研之路。

我做了去年《英语》和《数学》的试卷📖。看着面前两份考卷，两大页印满了各种符号的纸，"1×2+2×4+3×6+4×8+ …… +100×200＝？" "Thank you! My best friend!" …… 心一下子跌到了谷底。

我送给自己一句话："从绝望中寻找希望，人生终将辉煌！"不管现在自己有多差，但最后一定可以成功，而且是成功的考名校！！

天晓得，当时怎么如此坚定。也正是由于当时那种吓人的乐观，才有了执着下去的动力，才使绝对不可能的事一步步闪现出希望的曙光。

联系我📧：E-mail地址Marry@21cn.com

（2）操作步骤

① 创建文档。在D盘空白处右击选择“新建”→“文件夹”命令，输入文件夹名“学号-姓名”，然后按Enter键，同样方法在该文件夹下创建“Word实验”文件夹。

双击文件夹“Word实验”，在该文件夹中右击选择“新建”→“ Microsoft Word文档”，并重命名为“01-随笔.docx”。

② 输入正文。双击“随笔.docx”，进入Word 2016的工作窗口，单击输入法图标，选择熟悉的输入法输入上面的文档内容，最后单击标题栏左边的“保存”按钮。输入文字一般在插入状态下进行，此时状态栏中显示“插入”按钮，如图5-1所示。如果不是，可以单击“改写”按钮或按Insert键进行切换。

图5-1　插入与改写

【注意】

在输入中文时，键盘要处于小写字母输入状态。而文档中的英文字母、数字和小数点在西文状态下输入。为了加快编辑速度，用户可以将普通汉字及标点符号等内容全部输入后再添加特殊符号。

③ 插入日期。单击“插入”选项卡中“文本”组中的“日期和时间”按钮 日期和时间，打开“日期和时间”对话框。在“语言(国家/地区)”下拉列表框中选择“中文(中国)”，在“可用格式”列表框中选择需要的格式，并选中“自动更新”复选框，单击“确定”按钮，如图5-2所示。

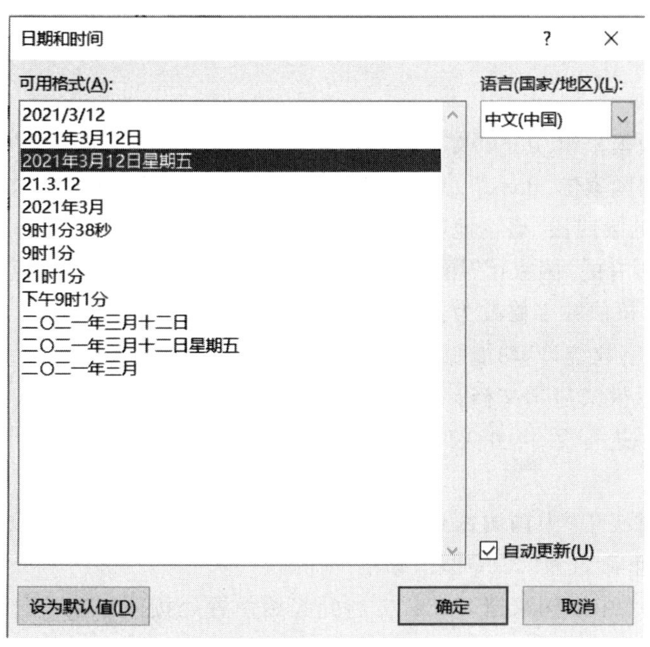

图5-2　日期和时间对话框

④ 特殊符号。单击“插入”选项卡中的“符号”组中的“符号”下拉按钮，在下拉列表中选择“其他符号”命令 Ω 其他符号(M)... ，弹出“符号”对话框。在“字体”下拉列表框中选择“Wingdings”，然后选择需要的符号，单击“插入”按钮，单击“关闭”按钮，如图 5-3 所示。

图 5-3　符号对话框

2. 编辑文档

原文如下：

(1) 题目要求

① 在“02-中国国家馆.docx”文档内容最前面一行插入标题“国家馆”。

② 在“02-中国国家馆.docx”文档中，查找文字“未来城市发展之路”，从此句之后开始，另起一段；将现在的第四段“而在地区馆中——”与上一段合并。

③ 将文档中所有的“国家馆”用“中国国家馆”替换，“国家馆”用红色强调并加着重号；将文档中所有的阿拉伯数字修改为：红色、倾斜、加粗。

④ 将全文用“字数统计”功能统计该文总字符数(计空格)。

⑤ 以不同显示模式显示文档。

⑥ 将操作结果进行保存，并关闭文档窗口。

(2) 操作步骤

① 将素材文件夹中“中国国家馆.docx”文件另存到前文已创建的文件夹“学号-姓名-Word 实验”中，并重命名为“02-中国国家馆.docx”。

将光标移到“02-中国国家馆.docx”文档的起始位置处按回车键，在新插入的一行中输入标题“国家馆”，然后单击“开始”选项卡中“段落”组的居中按钮，将标题设置为居中对齐。

展馆建筑外观以“东方之冠，鼎盛中华，天下粮仓，富庶百姓”的构思主题，表达中国文化的精神与气质。展馆的展示以“寻觅”为主线，带领参观者行走在“东方足迹”、“寻觅之旅”、“低碳行动”三个展区，在“寻觅”中发现并感悟城市发展中的中华智慧。展馆从当代切入，回顾中国三十多年来城市化的进程，凸显三十多年来中国城市化的规模和成就，回溯、探寻中国城市的底蕴和传统。随后，一条绵延的“智慧之旅”引导参观者走向未来，感悟立足于中华价值观和发展观的未来城市发展之路。国家馆居中升起、层叠出挑，采用极富中国建筑文化元素的红色“斗冠”造型，建筑面积46457平方米，高69米，由地下一层、地上六层组成；地区馆高13米，由地下一层、地上一层组成，外墙表面覆以“叠篆文字”，呈水平展开之势，形成建筑物稳定的基座，构造城市公共活动空间。

观众首先将乘电梯到达国家馆屋顶，即酷似九宫格的观景平台，将浦江两岸美景尽收眼底。然后，观众可以自上而下，通过环形步道参观49米、41米、33米三层展区。

而在地区馆中，观众在参观完地区馆内部31个省、市、自治区的展厅后，可以登上屋顶平台，欣赏屋顶花园。游览完地区馆以后，观众不需要再下楼，可以从与屋顶花园相连的高架步道离开国家馆。

② 单击“插入”选项卡中“编辑”组中的“查找”按钮上的下拉箭头 查找 ，在下拉列表中单击“高级查找”按钮 高级查找(A)... ，弹出“查找和替换”对话框，如图5-4所示。在“查找”选项卡中将光标定位到“查找内容”文本框，输入文字“未来城市发展之路”，单击“查找下一处”按钮，关闭此对话框，将光标移动到“未来城市发展之路”后面，再按回车键，完成另起一段的要求。将光标移到“三层展区”的尾部，按下Delete键后即可与下一段合并。

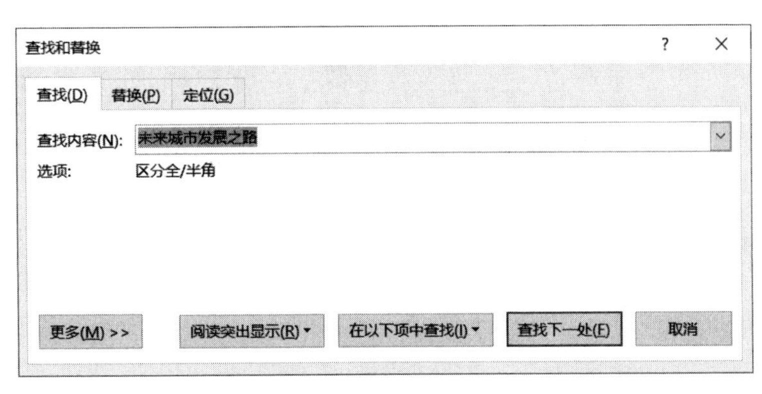

图5-4　查找对话框

③ 单击“开始”选项卡中“编辑”组中的“替换”按钮 替换 ，打开“查找和替换”对话框，如图5-5所示。在“查找内容”和“替换为”文本框中分别输入“国家馆”和“中国国家馆”，单击“全部替换”按钮。此时出现是否从头开始，选择“是”，则可全部替换。

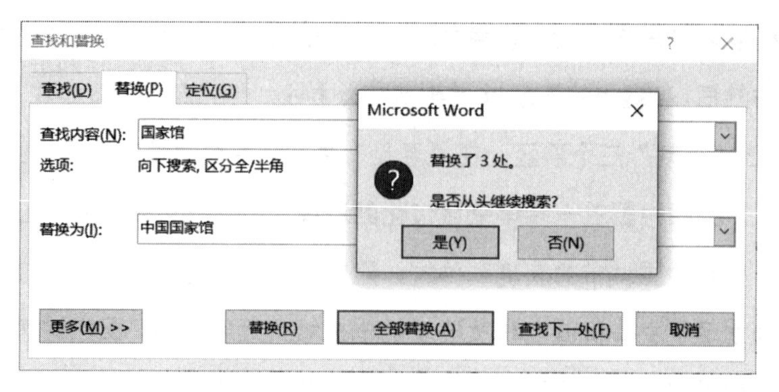

图 5-5　替换对话框

要将文档中所有的“国家馆”改为红色并加着重号，可在“查找和替换”对话框中，将光标定位在“查找内容”文本框中，输入“国家馆”，然后在“替换为”文本框中单击，此处不需要输入内容。单击“更多”按钮展开对话框“搜索”和“替换”组，在“替换”组中单击“格式”按钮，然后在弹出的列表中选择“字体”选项，最后在弹出的替换字体对话框中设置字体颜色为红色并选择着重号，如图 5-6 所示。

图 5-6　替换字体对话框

设置完成后，单击“确定”按钮，此时返回查找和替换对话框，如图 5-7 所示。

查找和替换 ? ×

查找(D) 替换(P) 定位(G)

查找内容(N): 国家馆

选项: 向下搜索, 区分全/半角

格式:

替换为(I):

格式: 字体颜色: 红色, 点

<< 更少(L) 替换(R) 全部替换(A) 查找下一处(F) 取消

搜索选项

搜索: 向下

☐ 区分大小写(H) ☐ 区分前缀(X)

☐ 全字匹配(Y) ☐ 区分后缀(T)

☐ 使用通配符(U) ☑ 区分全/半角(M)

☐ 同音(英文)(K) ☐ 忽略标点符号(S)

☐ 查找单词的所有形式(英文)(W) ☐ 忽略空格(W)

替换

格式(O) ▾ 特殊格式(E) ▾ 不限定格式(T)

图 5-7 替换国家馆

将光标定位在“查找内容”文本框中，单击“特殊格式”按钮，选择“任意数字”选项，如图 5-8 所示。

图 5-8 任意数字

这时在“查找内容”文本框中显示“^#”符号，表示任意数字，然后将光标定位在“替换为”文本框中，此处不填任何内容，单击“格式”按钮，在弹出的列表中选择“字体”选项，最后在弹出的查找字体对话框中设置字体颜色为红色，字形为“加粗 倾斜”，如图 5-9 所示。

图 5-9　查找字体对话框

单击“确定”按钮，返回查找和替换对话框，如图 5-10 所示。

图 5-10　替换数字格式

④ 将光标移到文本任意处，单击“审阅”选项卡中“校对”组中的“字数统计”按钮，弹出“字数统计”对话框（如图 5-11 所示），即可显示本文的总字数。

图 5-11 字数统计对话框

⑤ 分别单击视图选项卡中“视图”组中的不同视图按钮（如图 5-12 所示），观察不同视图方式下的文档效果。

图 5-12 视图切换按钮

⑥ 单击“文件”菜单中的“保存”命令，即可保存操作结果。最终效果如下：

中国国家馆

展馆建筑外观以“东方之冠，鼎盛中华，天下粮仓，富庶百姓”的构思主题，表达中国文化的精神与气质。展馆的展示以“寻觅”为主线，带领参观者行走在“东方足迹”、“寻觅之旅”、“低碳行动”三个展区，在“寻觅”中发现并感悟城市发展中的中华智慧。展馆从当代切入，回顾中国三十多年来城市化的进程，凸显三十多年来中国城市化的规模和成就，回溯、探寻中国城市的底蕴和传统。随后，一条绵延的“智慧之旅”引导参观者走向未来，感悟立足于中华价值观和发展观的未来城市发展之路。

中国国家馆居中升起、层叠出挑，采用极富中国建筑文化元素的红色“斗冠”造型，建筑面积 ***46457*** 平方米，高 ***69*** 米，由地下一层、地上六层组成；地区馆高 ***13*** 米，由地下一层、地上一层组成，外墙表面覆以“叠篆文字”，呈水平展开之势，形成建筑物稳定的基座，构造城市公共活动空间。

观众首先将乘电梯到达中国国家馆屋顶，即酷似九宫格的观景平台，将浦江两岸美景尽收眼底。然后，观众可以自上而下，通过环形步道参观 ***49*** 米、***41*** 米、***33*** 米三层展区。而在地区馆中，观众在参观完地区馆内部 ***31*** 个省、市、自治区的展厅后，可以登上屋顶平台，欣赏屋顶花园。游览完地区馆以后，观众不需要再下楼，可以从与屋顶花园相连的高架步道离开中国国家馆。

3. 文档排版

（1）题目要求

① 打开前面已建立的“02-中国国家馆.docx”文档。

② 将标题“中国国家馆”设置为黑体、三号、蓝色，文字字符间距为加宽 3 磅，加上着重号；为标题添加带阴影双实线、蓝色、0.75 磅线宽的边框；并为标题添加底纹，图案（样式 20％，颜色为黄色）。

③ 将第一段的前两个字“展馆”加上拼音标注，拼音为 10 磅大小。

④ 将第一段正文中的第一个“展馆”两字设置为隶书、加粗，然后利用“格式刷”将本段中的第二个“展馆”字符设置成相同格式；将文字“东方足迹”添加单线字符边框；将文字“寻觅之旅”加单下划线；将文字“低碳行动”倾斜。

⑤ 将第一段中的“感悟立足于中华价值观和发展观的未来城市发展之路”文字转换为繁体中文。

⑥ 将第二段正文中的文字设置为楷体、小四号，段前及段后间距均设置为 0.5 行，首行缩进 2 个字符。

⑦ 将第二段正文进行分栏，分为等宽两栏，中间加分隔线，并将第 3 段首字下沉，下沉行数为 2 个字符。

（2）操作步骤

① 打开“中国国家馆.docx”文件，单击“文件”菜单中的“另存为”命令，弹出“另存为”对话框，在文件名处填入“03-世博会-中国国家馆.docx”，单击“保存”按钮。

② 选定“中国国家馆”，在“开始”选项卡中的“字体”组中的“字体”下拉列表框 宋体 中选择“黑体”；在“字号”下拉列表框 五号 中选择“三号”；同时，单击“段落”组中的“居中”按钮，令标题居中显示；单击“开始”选项卡中的“字体”组右下角的对话框启动器，打开“字体”对话框，在“字体”选项卡的“着重号”下拉列表框中选择“ · ”，最后单击“高级”标签，在“间距”下拉列表框中选择“加宽”，在旁边的“磅值”文本框中选择或输入“ 3 磅”。

单击“开始”选项卡中的“段落”组中的边框下拉按钮 ，在下拉菜单中选择“边框和底纹”命令，打开“边框和底纹”对话框。在“边框”选项卡的“设置”栏中选择“阴影”，在“样式”列表框中选择“双实线”，在“颜色”下拉列表框中选择“蓝色”，在“宽度”，下拉列表框中选择“0.75 磅”。接下来单击“底纹”标签，在“图案”栏的“样式”下拉列表框中选择“20%”，“颜色”下拉列表框中选择“黄色”，单击“确定”按钮。

③ 选中第一段的第一个“展馆”二字，单击“开始”选项卡中“字体”组的“拼音指南”按钮 ，弹出“拼音指南”对话框，如图 5-13 所示。

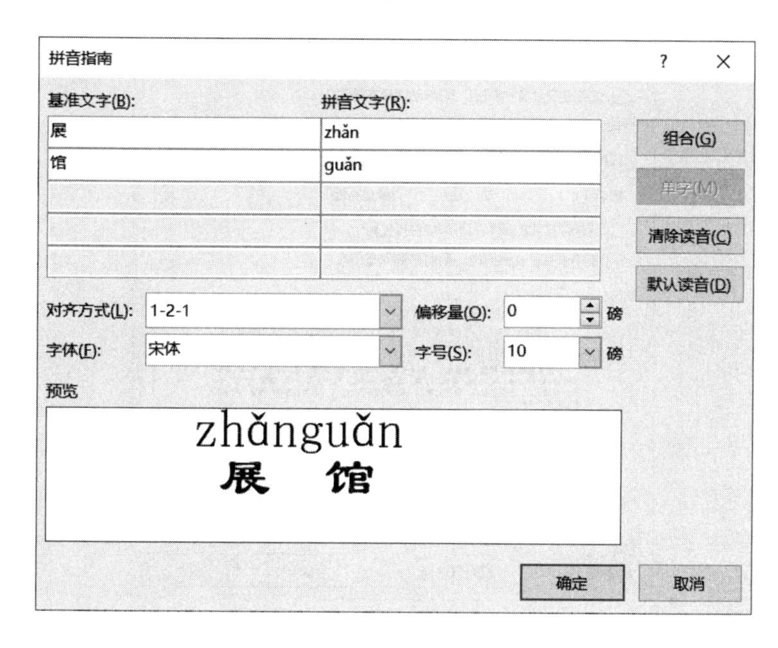

图 5-13　拼音指南

④ 选中第一段中的第一个“展馆”二字，单击“字体”下拉列表，在下拉列表中选择“隶书”，单击“加粗”按钮 **B**；并在“开始”选项卡中“剪贴板”组中单击“格式刷”按钮“格式刷”，然后将鼠标移到第二个“展馆”上，用格式刷完成设置。

选中“东方足迹”4 个字，单击“开始”选项卡中“字体”组的“字符边框”按钮 A ，为字符加边框。

选中“寻觅之旅”4 个字，单击“开始”选项卡中“字体”组的“下划线”按钮 U ，为字符加上单下划线。

选中“低碳行动”4 个字，单击“开始”选项卡中“字体”组的“倾斜”按钮 *I* ，为字符加上倾斜效果。

⑤ 选中“感悟立足于中华价值观和发展观的未来城市发展之路”，单击“审阅”选项卡中“中文简繁转换”组的 繁简转繁 按钮进行相应的转换。

⑥ 选中第二段，单击“开始”选项卡中“段落”组的对话框启动器，如图 5-14 所示。利用“段落”对话框的“缩进和间距”选项卡设置段前、段后间距，文字设置方法同前。

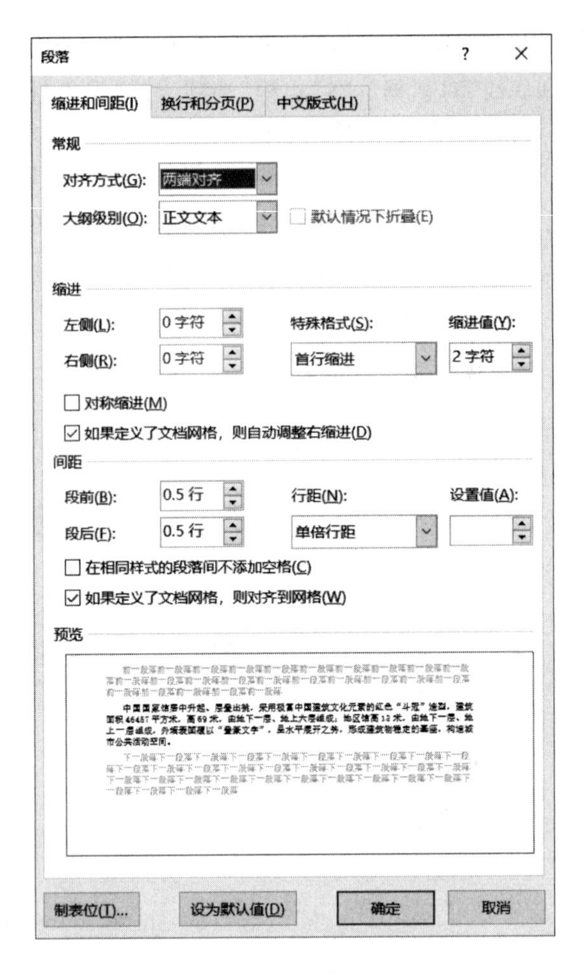

图 5-14　段落设置

⑦ 选中第二段，单击“布局”选项卡中“页面设置”组的“分栏”下拉列表中的“更多分栏”，打开“分栏”对话框，如图 5-15 所示。

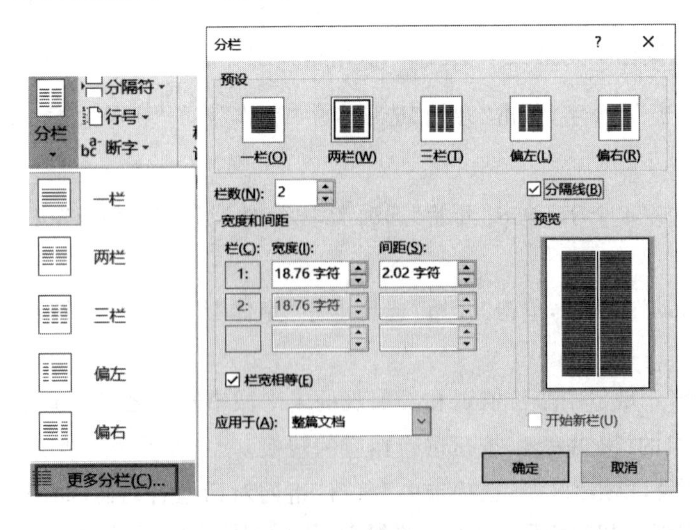

图 5-15　分栏

单击“插入”选项卡中“文本”组的“首字下沉”下拉列表中的“首字下沉选项”，打开“首字下沉”对话框，如图 5-16 所示。

图 5-16　首字下沉

⑧ 单击“文件”菜单中的“保存”命令，保存操作结果。最终效果如下：

中 国 国 家 馆

zhǎnguǎn
展　馆建筑外观以“东方之冠，鼎盛中华，天下粮仓，富庶百姓”的构思主题，表达中国文化的精神与气质。展馆的展示以“寻觅”为主线，带领参观者行走在“东方足迹”、“寻觅之旅”、“低碳行动”三个展区，在“寻觅”中发现并感悟城市发展中的中华智慧。展馆从当代切入，回顾中国三十多年来城市化的进程，凸显三十多年来中国城市化的规模和成就，回溯、探寻中国城市的底蕴和传统。随后，一条绵延的“智慧之旅”引导参观者走向未来，感悟立足于中華價值觀和發展觀的未來城市發展之路。

中国国家馆居中升起、层叠出挑，采用极富中国建筑文化元素的红色“斗冠”造型，建筑面积 *46457* 平方米，高 *69* 米，由地下一层、地上六层组成；地区馆高 *13* 米，由地下一层、地上一层组成，外墙表面覆以“叠篆文字”，呈水平展开之势，形成建筑物稳定的基座，构造城市公共活动空间。

观众首先将乘电梯到达中国国家馆屋顶，即酷似九宫格的观景平台，将浦江两岸美景尽收眼底。然后，观众可以自上而下，通过环形步道参观 *49* 米、*41* 米、*33* 米三层展区。而在地区馆中，观众在参观完地区馆内部 *31* 个省、市、自治区的展厅后，可以登上屋顶平台，欣赏屋顶花园。游览完地区馆以后，观众不需要再下楼，可以从与屋顶花园相连的高架步道离开中国国家馆。

5.3　实 验 作 业

对下面的短文进行操作：

习家池

习家池位于湖北省襄阳市襄阳城南5公里的凤凰山东麓。它是中国现存最早的园林建筑之一，全国现存少有的汉代名园，被誉为“中国郊野园林第一家”。

秋夕时节，慕名前往，新修的盘山路沿着山势蜿蜒南去。雨过初晴，天高云淡，两边的树木郁郁葱葱，像是用明矾水澄浸过的，空气中不时地飘来芳草和丹桂的清香，很快让人沉迷其中。

据史料记载，习家池又名高阳池，建于东汉建武年间(公元25—56年)，距今已有近两千年历史。襄阳侯习郁，依春秋末越国大夫范蠡养鱼的方法，在白马山下筑长60步、宽40步的土堤，引白马泉水建池养鱼，列植松竹。

西晋永嘉年间，镇南将军山简镇守襄阳，常在此宴饮，喝得酩酊大醉，故称“高阳酒徒”，因此有高阳池馆。东晋时，习郁的后裔习凿齿在此临池读书，登亭著史，留下《汉晋春秋》这一千古名作，成为名播后世的史学家，而使习家池益负盛名。晋以后，习家池曾一度荒废。南宋嘉定宝庆年间曾加以修缮。明正德年间，抚民副使聂贤重修。明嘉靖时副使江汇又建飞凿齿、杜甫两公祠。后又多次重建修葺，池边有凤泉馆、芙蓉台、习郁墓。

最终效果如下：

习家池位于湖北省襄阳市襄阳城南 5 公里的凤凰山东麓。它是中国现存最早的园林建筑之一，全国现存少有的汉代名园，被誉为“中国郊野园林第一家”。

秋夕时节，慕名前往，新修的盘山路沿着山势蜿蜒南去。雨过初晴，天高云淡，两边的树木郁郁葱葱，像是用明矾水澄浸过的，空气中不时地飘来芳草和丹桂的清香，很快让人沉迷其中。

据史料记载，习家池又名高阳池，建于东汉建武年间（公元 25-56 年），距今已有近两千年历史。襄阳侯习郁，依春秋末越国大夫范蠡养鱼的方法，在白马山下筑长 60 步、宽 40 步的土堤，引白马泉水建池养鱼，列植松竹。

西晋永嘉年间，镇南将军山简镇守襄阳，常在此宴饮，喝得酩酊大醉，故称“高阳酒徒”，因此有高阳池馆。东晋时，习郁的后裔习凿齿在此临池读书，登亭著史，留下《汉晋春秋》这一千古名作，成为名播后世的史学家，而使习家池益负盛名。晋以后，习家池曾一度荒废。南宋嘉定宝庆年间曾加以修缮。明正德年间，抚民副使聂贤重修。明嘉靖时副使江汇又建飞凿齿、杜甫两公祠。后又多次重建修葺，池边有凤泉馆、芙蓉台、习郁墓。

(1) 设置标题格式：隶书、初号、右下斜偏移阴影效果、居中、红色文字，并加蓝色，阴影边框线；正文：首行缩进2个汉字。

(2) 将全文除标题外的“习家池”，替换成红色、楷体、带着重号。

(3) 设置第二段行间距为固定值：18磅，首字下沉2行。

(4) 将第二段文字中"高阳池"设置为二号字,"史"和"料"两字设置为红色的带圈文字(增大圈号)。

(5) 设置最后一段样式:文字竖排、并加上蓝色、3 磅、双线边框、文本紫色阴影。

(6) 以"03-习家池.docx"为文件名保存到" D:\学号姓名\Word 实验 "文件夹中。

实验6　Word 表格制作

6.1　实验目的

(1) 掌握表格的建立方法，表格的编辑要点，对表格进行格式化与对表格单元格进行计算和排序的方法，由表格生成图表的方法。

(2) 掌握"表格和边框"选项卡的使用。

(3) 掌握对表格进行简单修饰的方法。

(4) 掌握表格中公式的使用。

6.2　实验内容

在"D:\学号姓名\Word 实验"文件夹下创建内容如图 6-1 所示的表格，并以"04-各科成绩表.docx"保存结果。

各科平均成绩表				
科目 姓名	语文	政治	英语	总分
李启明	*80*	*90*	*85*	*255.0*
刘卫国	*86*	*90*	*82*	*258.0*
张成宏	*76*	*79*	*69*	*224.0*
王德亮	*95*	*78*	*77*	*250.0*
平均分	*84.3*	*84.3*	*78.3*	*246.8*

图 6-1　各科成绩表

(1) 建立 5(行)×4(列)的表格。

在常用工具栏中，单击"插入"选项卡中"表格"下拉按钮，在下拉列表框中拖曳 5 行 4 列，如图 6-2 所示，并输入数据。

(2) 在表格最右端插入一列，列标题为"总分"；表格下面增加一行，行标题为"平均分"。

光标停留在表格最后一列，在"表格工具"选项卡中选择"布局"子选项卡，如图 6-3 所示。在"行和列"组中单击"在右侧插入"按钮，在增加的列的第 1 行中填写列标题"总分"，将光标定位至表格第一行，然后单击"行和列"组中单击"在上方插入"按钮。最后，在已建表中的其他各行、列单元格中输入数据。

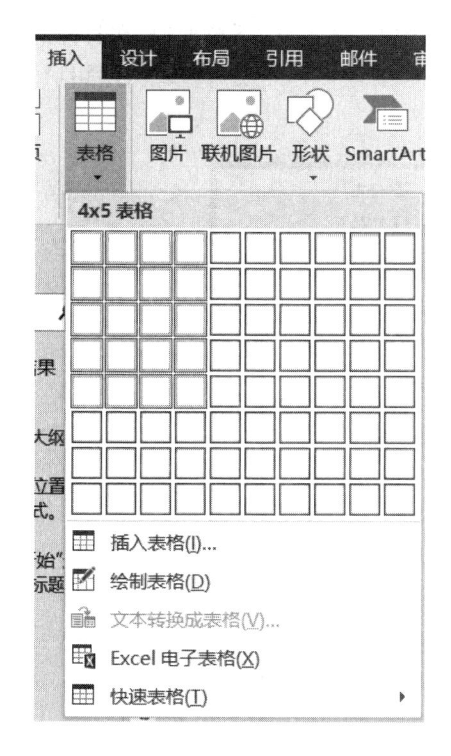

图 6-2 插入表格

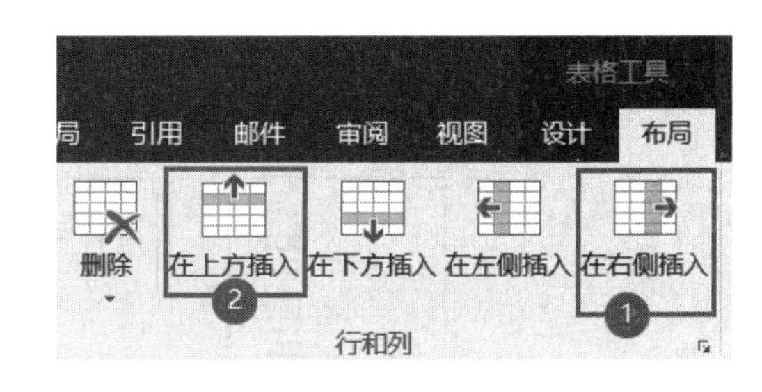

图 6-3 行和列

(3) 将第 1 行第 1 列单元格设置斜线表头，行标题为“科目”，列标题为“姓名”。

将光标定位在第 1 个单元格，选择“表格工具”选项卡中的“设计”子选项卡，在“边框”组中单击“边框”下拉按钮，在下拉列表框中单击“斜下线框”命令，如图 6-4 所示。

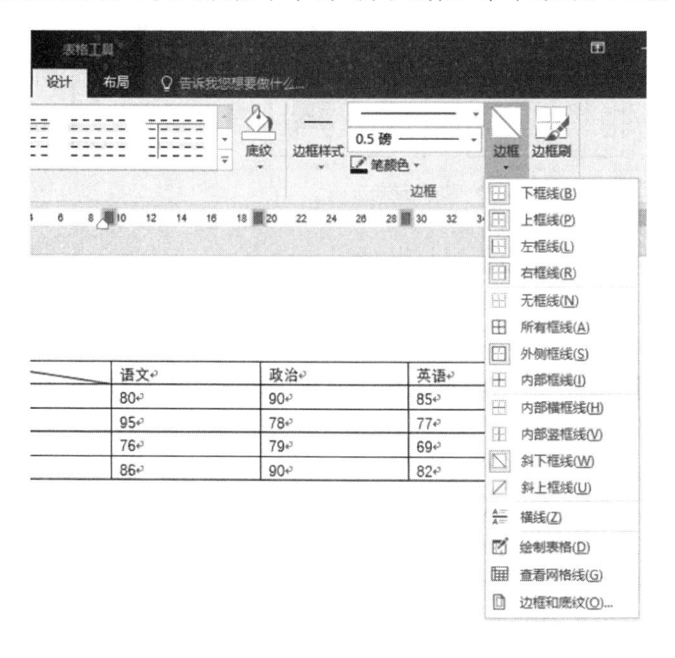

图 6-4 斜下框线

单击第 1 个单元格，单击“插入”选项卡中“文本”组中的“文本框”下拉按钮，在打开的下拉列表中选择“绘制文本框”，在斜线表头单元格的适当位置绘制一个文本框输入“科目”，如图 6-5 所示。

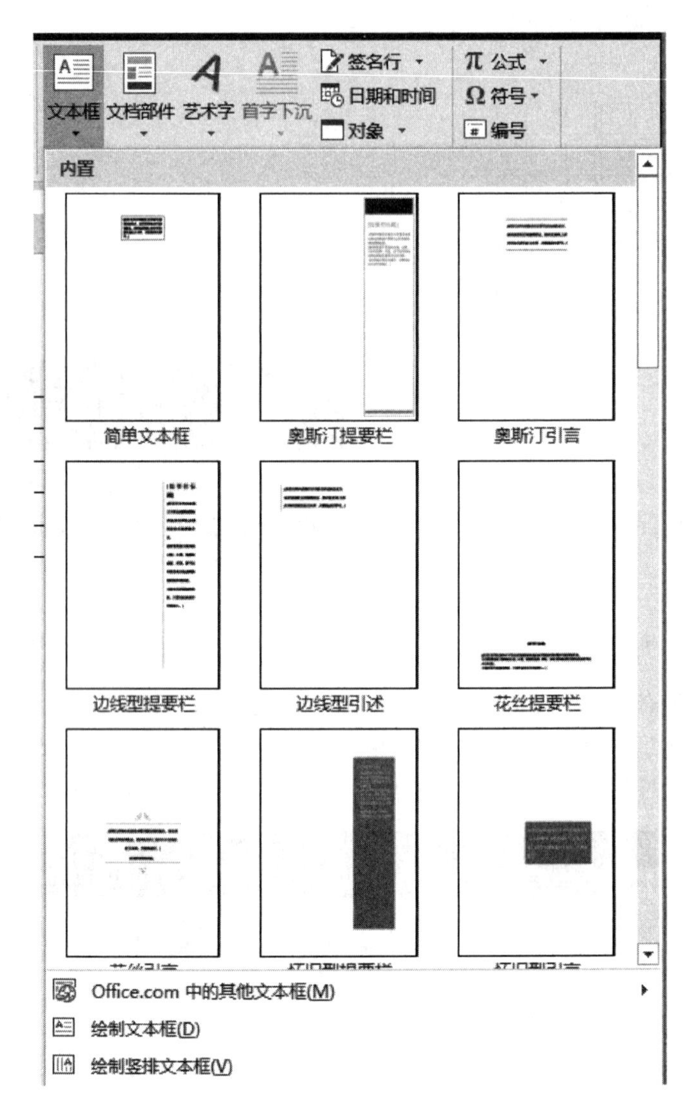

图 6-5　绘制文本框

选中“科目”文本框，单击鼠标右键，在弹出的快捷菜单中选择“设置形状格式”命令，出现“设置形状格式”对话框。在“填充”和“线条”选项中选择“无填充”和“无线条”单选按钮，并设置左边距、右边距、上边距、下边距均为 0，如图 6-6 所示。单击“关闭按钮”。同样的方法制作出斜线表头中的“姓名”(或者直接选定“科目”文本框进行复制，再进行粘贴，并把字体颜色设置为“黑色”直接修改文字内容，再调整到适当的位置)，结果如 6-7 所示。

(4) 将表格第 1 行除第 1 列以外的字符格式设置为加粗、倾斜。

选中除了第 1 行和第 1 列以外的其他文字，在字体选项卡中设置字体格式为“加粗”和“斜体”。

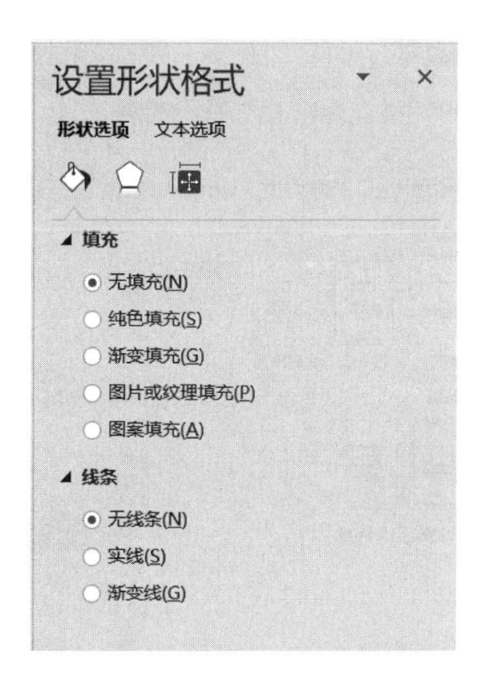

图 6-6

(5) 将表格中所有单元格设置为中部居中;设置整个表格为水平居中。

单击表格左上角的图标选定整张表,在"表格工具"下"布局"选项卡中的"对齐方式"组中,单击"中部居中"按钮 (第 2 行、第 2 列)。

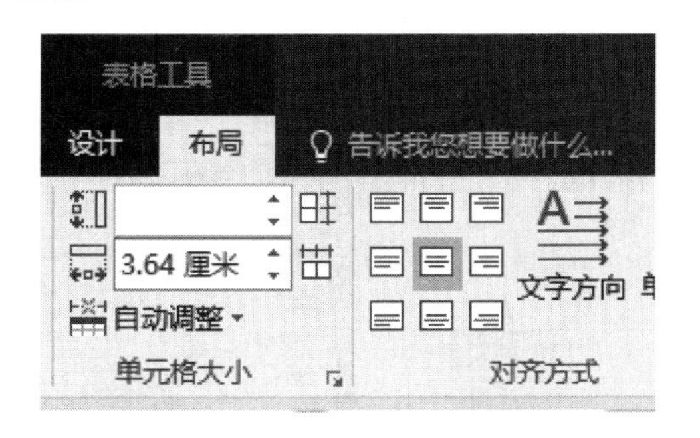

图 6-7　对齐方式与边距设置

然后右击表格,在弹出的快捷菜单中选择"表格属性(R)…",打开"表格属性"对话框,在"表格"选项卡下设置表格居中,如图 6-8 所示。

(6) 设置表格外框线为 1.5 磅的双线,内框线为 1 磅的细线;第 1 行的下框线及第 1 列的右框线为 0.5 磅的双实线。

单击表格,在"表格工具"下"设计"选项卡中,单击"边框"组中对话框启动器,选择要求的线型、粗细,然后在右侧预览区域中选择对应框线设置,单击"确定"按钮完成设置;用同样的方法选中第 1 行设置第 1 行的下框线、选中第 1 列设置第 1 列的右框线。

(7) 设置表格底纹:第 1 行的填充色为灰色－15%,最后 1 行为浅绿色。

选择要设置底纹的区域(第 1 行),在"表格工具"下"设计"选项卡中,单击"边框"组中对

图 6-8　表格属性

话框启动器,选择“底纹”选项卡,在“图案”的“样式”中选择“15%”;选择最后 1 行,再次打开“底纹”选项卡,在“填充”的“标准色”中选择“浅绿色”,如图 6-9 所示。

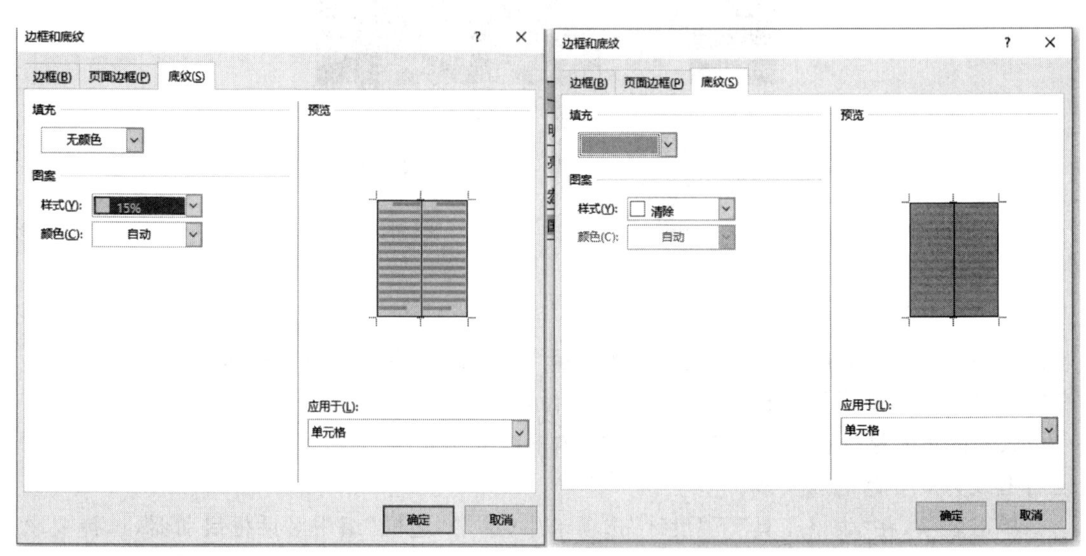

图 6-9　表格底纹

(8) 在表格的第 1 行上增加一行,并合并单元格;输入标题“各科成绩表”,格式为隶书、二号、居中,底纹颜色为浅绿色。

光标停留在表格第1行，在“表格工具”选项卡中选择“布局”子选项卡，在“行和列”组中单击“在上方插入”按钮，在表格最上面增加一行；然后选中新插入的行，单击右键选择“合并单元格”命令，在合并的单元格里输入表格标题“各科平均成绩表”，并按要求设置字符为隶书、二号、居中、并且底纹颜色也为浅绿色。

(9) 将表格中的数据先按照政治成绩从高到低排列，政治成绩相同时，再按照英语成绩从高到低进行排序，计算每名学生总分及各科平均分并保留一位小数。

选中表格的第2～6行，在“表格工具”选项卡中选择“布局”子选项卡，在“数据”组中单击“排序”按钮，打开排序对话框，在列表组中单击“有标题行”单选按钮，然后选择排序的主关键字是政治，次要关键字是英语，均为递减，即“降序”，如图6-10所示。

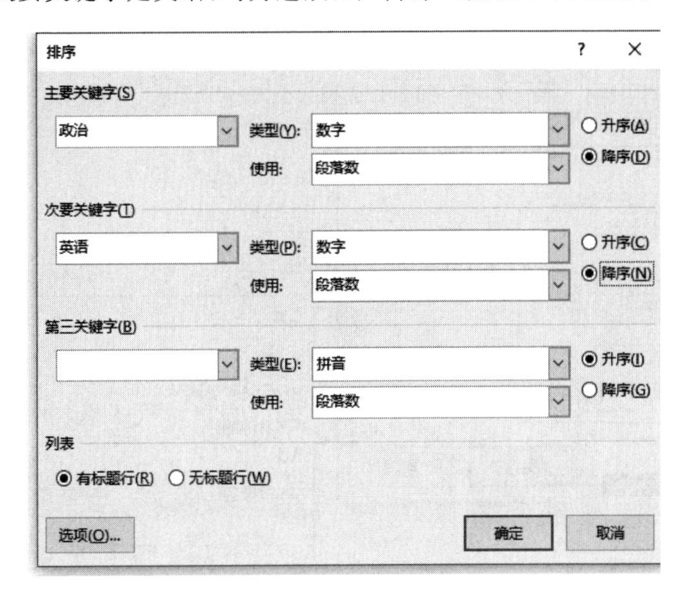

图6-10 排序

将光标移到存放总分的单元格(第3～6行的最后1列)，在“表格工具”选项卡中选择“布局”子选项卡，在“数据”组中单击“公式”按钮，打开公式对话框，在“公式”文本框中会自动出现SUM(LEFT)，在“编号格式”下拉列表框里输入一位小数的格式0.0，设置保留1位小数(如图6-11所示)，单击“确定”按钮后即可自动算出总分。同理，可以计算其他单元格的数值，计算时需要注意括号里会出现参数ABOVE(上边)的单元格进行求和，需要修改参数为LEFT，即左边的单元格求和。

计算“平均分”时，在公式对话框中“粘贴函数”下拉列表框中选择平均函数AVERAGE，在公式文本框输入“AVERAGE(ABOVE)”，然后在“编号格式”下拉列表框里输入一位小数的格式0.0，设置保留1位小数(如图6-12所示)，单击“确定”按钮后即可自动算出平均分。同理，可以计算其他单元格的数值。

以上公式计算时也可以使用单元格区域作为参数，例如：

计算总分的公式为：=SUM(B3:D3)。

计算平均分的公式为：=AVERAGE(B3:B6)。

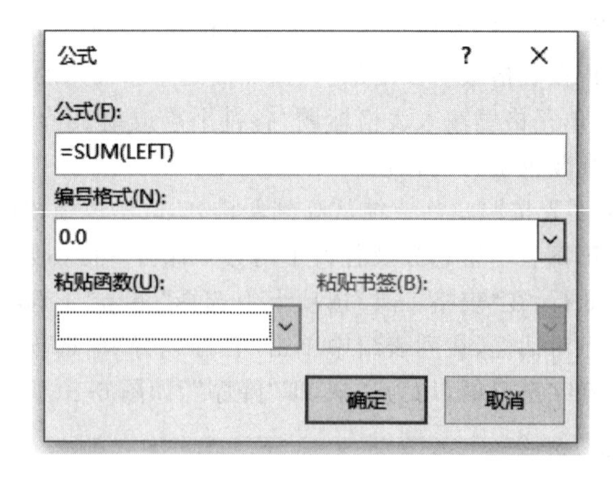

图 6-11　插入公式

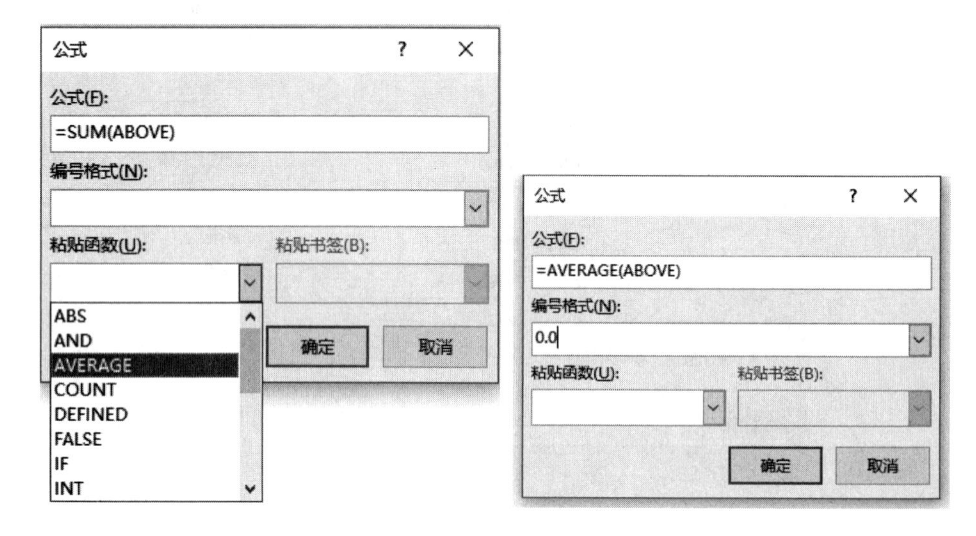

图 6-12　粘贴函数

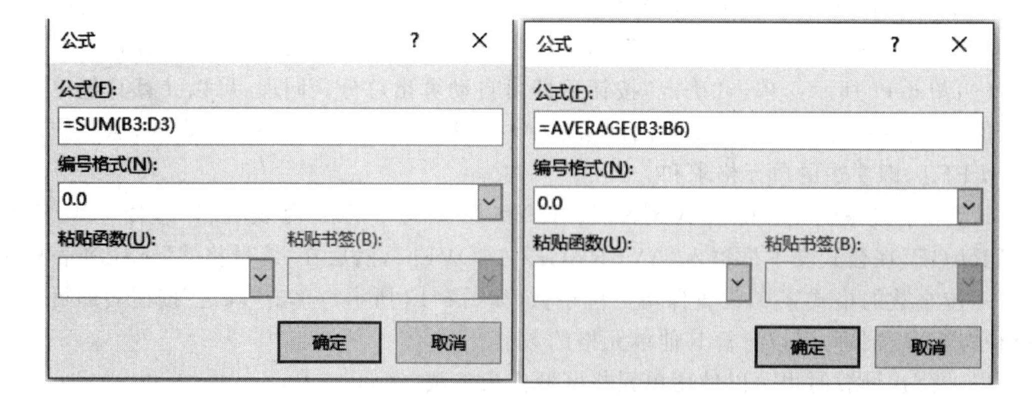

图 6-13　单元格区域

6.3 实验作业

(1) 制作湖北文理学院 2020—2021 学年下学期校历，如图 6-14 所示。

要求：表格标题用红色、二号字、合并单元格居中；表格中字体为宋体、五号字、标题栏加粗；星期六和星期日用红色字体显示。文档做完后用“05-校历.docx”保存。

湖北文理学院2020—2021学年度下学期校历

周次	星期							记事	周次	星期							记事
	一	二	三	四	五	六	日			一	二	三	四	五	六	日	
一	1（三月）	2	3	4	5	6	7	2月27、28日学生报到，3月1日正式上课。 4月4日“清明节”放假一天。 九至十二周期中教学检查。 5月1日“劳动节”放假一天。	十一	10	11	12	13	14	15	16	6月14日“端午节”放假一天。 7月17日暑假开始。
二	8	9	10	11	12	13	14		十二	17	18	19	20	21	22	23	
三	15	16	17	18	19	20	21		十三	24	25	26	27	28	29	30	
四	22	23	24	25	26	27	28		十四	31	1（六月）	2	3	4	5	6	
五	29	30	31	1（四月）	2	3	4		十五	7	8	9	10	11	12	13	
六	5	6	7	8	9	10	11		十六	14	15	16	17	18	19	20	
七	12	13	14	15	16	17	18		十七	21	22	23	24	25	26	27	
八	19	20	21	22	23	24	25		十八	28	29	30	1（七月）	2	3	4	
九	26	27	28	29	30	1（五月）	2		十九	5	6	7	8	9	10	11	
十	3	4	5	6	7	8	9		二十	12	13	14	15	16	17	18	

图 6-14 校历

(2) 制作个人简历，格式不限（下面的样例只是参考）。

要求：图文并茂，内容简单精练，重点介绍自己的专业、专业特长以及工作学习经历。文档做完后用“06-个人简历.docx”保存。

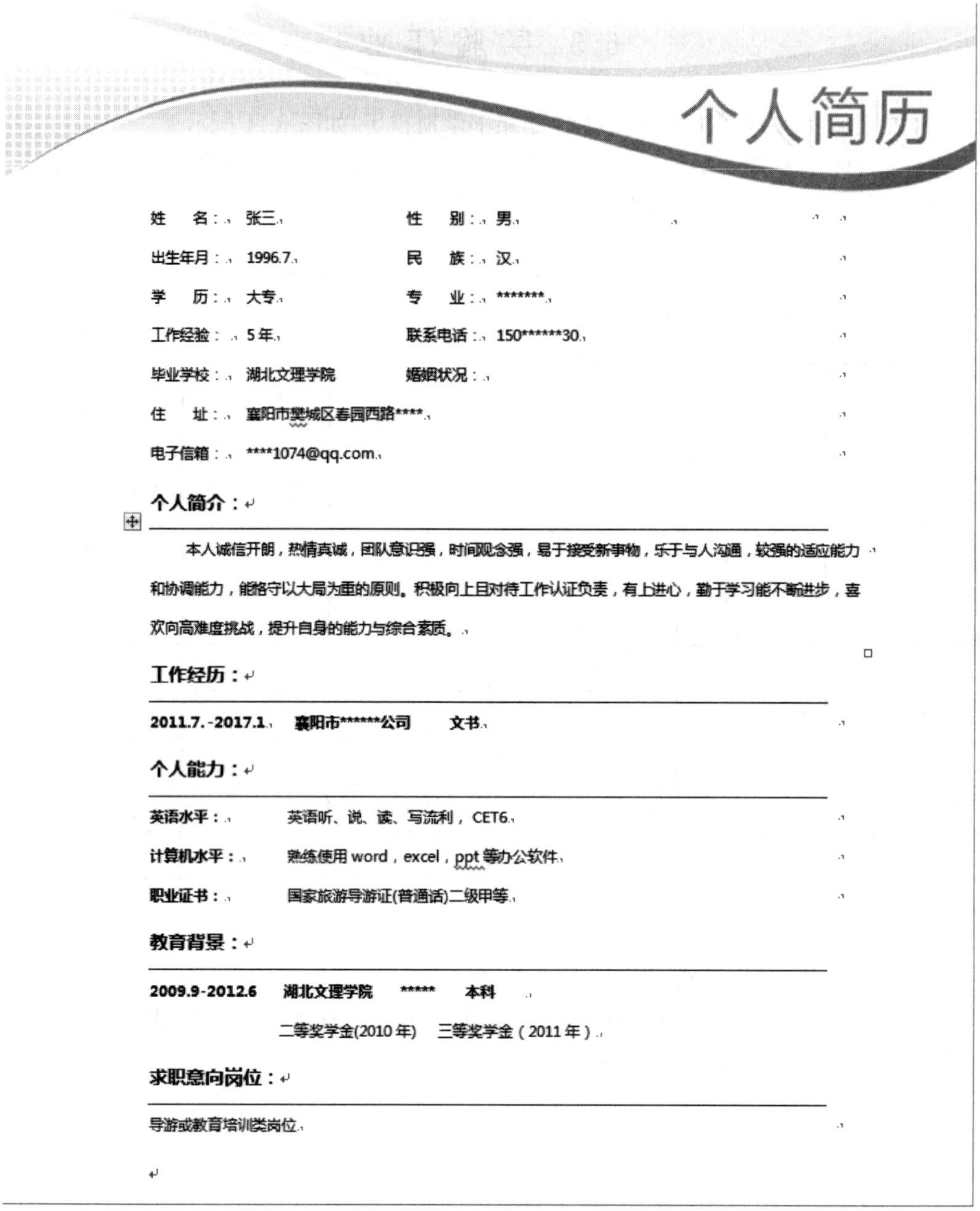

个人简历

姓　名：张三　　性　别：男

出生年月：1996.7　　民　族：汉

学　历：大专　　专　业：*******

工作经验：5年　　联系电话：150******30

毕业学校：湖北文理学院　　婚姻状况：

住　址：襄阳市樊城区春园西路****

电子信箱：****1074@qq.com

个人简介：

本人诚信开朗，热情真诚，团队意识强，时间观念强，易于接受新事物，乐于与人沟通，较强的适应能力和协调能力，能恪守以大局为重的原则。积极向上且对待工作认证负责，有上进心，勤于学习能不断进步，喜欢向高难度挑战，提升自身的能力与综合素质。

工作经历：

2011.7.-2017.1　襄阳市****公司　文书**

个人能力：

英语水平：　英语听、说、读、写流利，CET6

计算机水平：　熟练使用 word，excel，ppt 等办公软件

职业证书：　国家旅游导游证(普通话)二级甲等

教育背景：

2009.9-2012.6　湖北文理学院　***　本科**

二等奖学金(2010年)　三等奖学金（2011年）

求职意向岗位：

导游或教育培训类岗位

图 6-15　个人简历

实验7　Word图文混排

7.1　实验目的

(1) 掌握图片的插入和编辑,自绘图形及其格式化,文本框的使用。
(2) 了解艺术字的使用和公式编辑器的使用。
(3) 掌握 Word 2016 中绘制自选图形的基本方法。
(4) 学会创建艺术字。
(5) 学会插入图形或图片实现文章的图文混排效果。
(6) 学会为文字加框。
(7) 学会利用文本框制作小标题。
(8) 学会使用公式编辑器编辑各种数学公式。

7.2　实验内容

在“D:\学号姓名\Word 实验”下创建文档,文件名为“07-图形的魅力.docx ”,完成插入艺术字、插入公式、插入图片、绘制自选图形、插入流程图和插入文本框的操作。

1. 插入艺术字

单击“插入”选项卡中的“文本”组中的“艺术字”下拉按钮,在展开的艺术字样式库中选择“填充:橙色,主题色 2;边框:橙色,主题色 2”,输入文字“图形的魅力”。选中输入的文字,在“绘图工具”选项卡中的“格式”中的“艺术字样式”组中单击“文本效果”下拉按钮,在打开的文本效果库中选择“阴影”,在“透视”区选择“透视:右上”;在“艺术字样式”组中单击“文本效果”下拉按钮,在打开的文本效果库中选择“发光”,在“发光变体”区选择“发光:5 磅;橙色,主题色 2”;继续在“艺术字样式”组中单击“文本效果”下拉按钮,在打开的文本效果库中选择“转换”,在“弯曲”区选择“波形:下”。拖动“图形的魅力”艺术字四周的尺寸句柄,适当调整大小,并移动到合适位置。如图 7-1 所示。

图 7-1　插入艺术字

2. 插入公式

在适当位置输入文字“漂亮的公式”，打开“开始”选项卡中的“字体”组中的相应按钮设置字体为“华文行楷”，字号为“小四”。

定位光标，单击“插入”选项卡中的“符号”组中的“公式”下拉按钮，在下拉菜单中选择“插入新公式”命令。利用“公式工具”选项卡在公式编辑区内输入：

$$\sqrt{z}=f\left[u(x,y)\Leftrightarrow\frac{\partial z}{\partial x}=\frac{\partial z}{\partial u}\cdot\frac{\partial u}{\partial x}+\frac{\partial z}{\partial v}\cdot\frac{\partial v}{\partial x}\right]$$

输完后，在公式编辑区外的空白处单击，结束输入。单击公式，拖动尺寸句柄，适当调整公式大小，并移动到合适位置。如图 7-2 所示。

漂亮的公式

$$\sqrt{z}=f\left[u(x,y)\Leftrightarrow\frac{\partial z}{\partial x}=\frac{\partial z}{\partial u}\cdot\frac{\partial u}{\partial x}+\frac{\partial z}{\partial v}\cdot\frac{\partial v}{\partial x}\right]$$

图 7-2　插入公式

3. 插入图片

(1) 在适当位置输入文字“漂亮的图片”，打开“开始”选项卡中的“字体”组中的相应按钮设置字体为“华文行楷”，字号为“小四”，单击“段落”组中的“文本右对齐”按钮。

(2) 定位光标，单击“插入”选项卡中的“插图”组中的“图片”按钮，打开“插入图片”对话框，选择素材文件夹中的“荷塘月色.jpg”文件插入。选中图片，拖动尺寸句柄，适当调整大小，并移动到合适位置。在“图片工具”选项卡中的“格式”中的“大小”组中单击“裁剪”下拉按钮  裁剪，在打开的下拉菜单中选择“裁剪”命令，拖动句柄裁剪掉上下的圆月；接着在“调整”组中单击“校正”下拉按钮  校正，在“亮度和对比度”区中选择合适的效果；最后在“排列”组中单击“环绕文字”下拉按钮  环绕文字，在打开的下拉菜单中选择“嵌入型”命令。如图 7-3 所示。

4. 绘制自选图形

(1) 单击“插入”选项卡中的“插图”组中的“形状”下拉按钮，在形状库中的“基本形状”区中选择“新月形”，在合适的地方画好，并拖动尺寸句柄适当改变大小和形状。移动鼠标指针到图形上方的绿色圆点，鼠标指针变成圆圈状，拖动鼠标使图形旋转到合适位置。在“形状样式”组中单击“形状填充”下拉按钮，在“标准色”区中选择“黄色”。

(2) 用同样的方法画好星星，并复制两个，分别修改每个图形的形状，调整图形的角度，设置图形的填充色，并将图形移动到合适的位置。

(3) 按住 Shift 键，依次单击月亮和每个星星，然后在图形中右击，在弹出的快捷菜单中选择“组合”→“组合”命令，调整这个组合对象的大小并将其移动到图片“荷塘月色”之上。如图 7-3 所示。

漂亮的图片

图 7-3 插入图片及绘制自选图形

5. 插入流程图

(1) 在适当位置输入文字“漂亮的流程图”，利用“开始”选项卡中的“字体”组中的相应按钮设置字体为“华文行楷”，字号为“小四”，单击“段落”组中的“文本左对齐”按钮。

(2) 定位光标，单击“插入”选项卡中的“插图”组中的“形状”下拉按钮，在形状库中选择“流程图”中的相应图形，画在合适的地方。在“绘图工具”选项卡中的“格式”中的“形状样式”组中，选择形状库中的样式“彩色轮廓-黑色，深色 1”，然后单击该组中的“形状轮廓”下拉按钮，在下拉菜单中选择“粗细”→“ 1 pt”命令。在图形中右击，在弹出的快捷菜单中选择“添加文字”命令，输入文字。单击“插入”选项卡中的“插图”组中的“形状”下拉按钮，单击“线条”区的“箭头”按钮↘，画出向右的箭头。重复以上操作，继续插入其他形状直至完成。如图 7-4 所示。

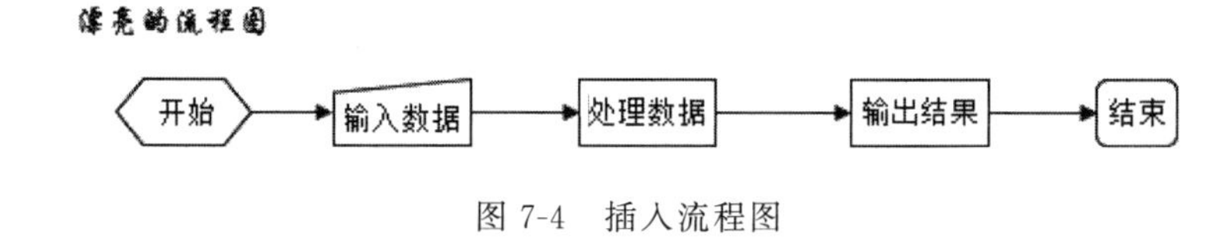

图 7-4 插入流程图

6. 插入文本框

(1) 在适当位置输入文字“漂亮的文章”，利用“开始”选项卡中的“字体”组中的相应按钮设置字体为“华文行楷”，字号为“小四”，单击“段落”组中的“文本右对齐”按钮。

(2) 定位光标，单击“插入”选项卡中的“文本”组中的“对象”下拉按钮，在打开的下拉菜单中选择“文件中文字”命令，打开“插入文件”对话框，选择素材文件夹中的“ 采莲. docx ”文件，单击“插入”按钮，将文件中的内容插入文档中。

(3) 单击“插入”选项卡中的“插图”组中的“图片”按钮，打开“插入图片”对话框，选择素材文件夹中的“采莲”图片插入，拖动尺寸句柄到合适大小。单击“图片工具”选项卡中的“格式”中的“调整”组中的“颜色”下拉按钮，在打开的颜色库中的“重新着色”区中选择“冲蚀”。在“排列”组中单击“环绕文字”下拉按钮，在下拉菜单中选择“衬于文字下方”命令。

(4) 为“采莲南塘秋，莲花过人头；低头弄莲子，莲子清如水”添加文本框。文本框设置填充色为预设颜色“顶部聚光灯-个性色 5”，类型为“射线”，方向为“从中心”，边框线为紫色圆点虚线，线型为 1.5 磅实线。

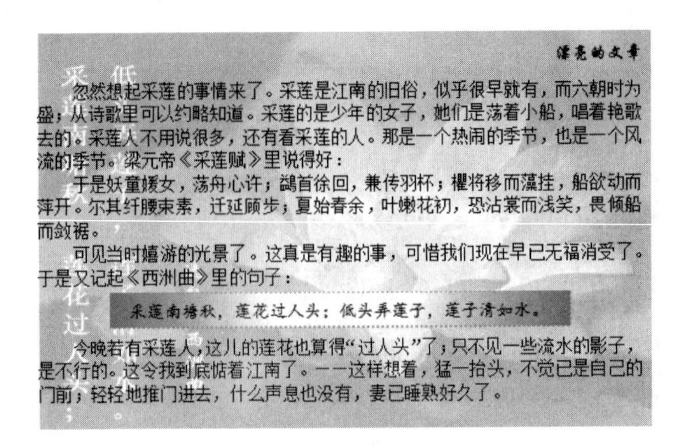

漂亮的文章

忽然想起采莲的事情来了。采莲是江南的旧俗，似乎很早就有，而六朝时为盛；从诗歌里可以约略知道。采莲的是少年的女子，她们是荡着小船，唱着艳歌去的。采莲人不用说很多，还有看采莲的人。那是一个热闹的季节，也是一个风流的季节。梁元帝《采莲赋》里说得好：

于是妖童媛女，荡舟心许；鹢首徐回，兼传羽杯；欋将移而藻挂，船欲动而萍开。尔其纤腰束素，迁延顾步；夏始春余，叶嫩花初，恐沾裳而浅笑，畏倾船而敛裾。

可见当时嬉游的光景了。这真是有趣的事，可惜我们现在早已无福消受了。于是又记起《西洲曲》里的句子：

采莲南塘秋，莲花过人头；低头弄莲子，莲子清如水。

今晚若有采莲人，这儿的莲花也算得“过人头”了；只不见一些流水的影子，是不行的。这令我到底惦着江南了。——这样想着，猛一抬头，不觉已是自己的门前；轻轻地推门进去，什么声息也没有，妻已睡熟好久了。

图 7-5　插入文本框

(5) 单击“插入”选项卡中的“插图”组中的“形状”下拉按钮，在展开的形状库中的“基本形状”区中选择“文本框”，画在合适的位置上。选中文字“采莲南塘秋，莲花过人头；低头弄莲子，莲子清如水。”，然后按“Ctrl＋X”组合键，单击文本框，此时按“Ctrl＋V”组合键，将文字放入文本框。选中文本框，单击鼠标右键，在弹出的快捷菜单中选择“设置形状格式”命令，打开“设置形状格式”对话框。在“填充”选项卡的“填充”栏中选中“渐变填充”单选按钮，单击“预设颜色”下拉按钮，在预设颜色库中选择“顶部聚光灯-个性色 5”，在“类型”下拉列表框中选择“射线”，单击“方向”下拉按钮，在库中选择“中心辐射”。单击“线条”标签，单击“颜色”下拉按钮，选择“紫色”，在“宽度”文本框中选择或输入“1.5 磅”，在“短划线类型”下拉列表框中选择“圆点”，形状格式对话框如图 7-6 所示，设置完成后单击“关闭”按钮。

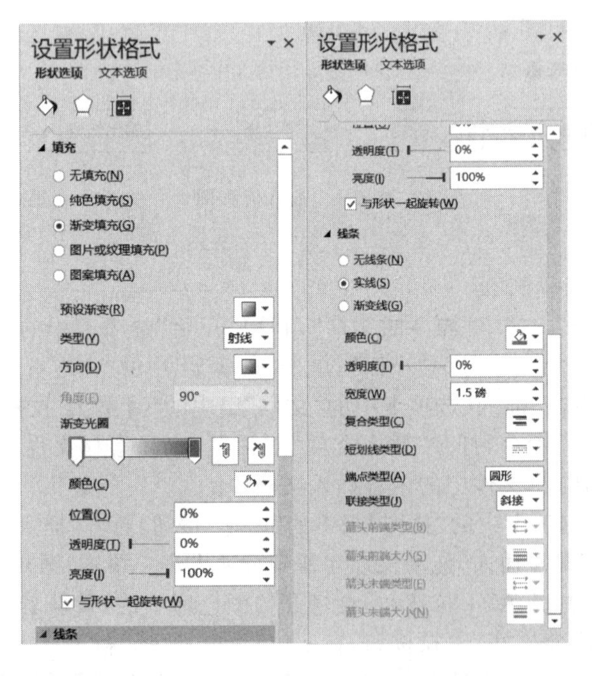

图 7-6

(6) 适当调整页面设置及文中各部分内容的位置，保存文档。

7.3 实验作业

(1) 图文混排。

写一篇关于自己家乡(或母校)的介绍,要求:

① 所有段落首行缩进、正文使用5号宋体、行间距25磅、标题使用艺术字。

② 图文并茂,图片布局采用四周型。

③ 文中包括文本框、分栏、首字下层。

④ 文档以"08-图文混排.docx"为名保存。

(2) 公式编排。

选"插入"→"对象"→"Microsoft 公式 3.0",打开公式编辑器,编排公式,并把公式以合适的混排方式放到"08-图文混排.docx"中去。要编排的公式如下:

$$S = \sum_{i=1}^{10} \sqrt[3]{x_i - a} + \frac{a^3}{x_i^3 - y_i^3} - \int_3^7 x_i dx$$

(3) 自选图形绘制。

利用 Word 提供的自选图形功能,完成下图的绘制,并将图形保存到"08-图文混排.docx"文档中。

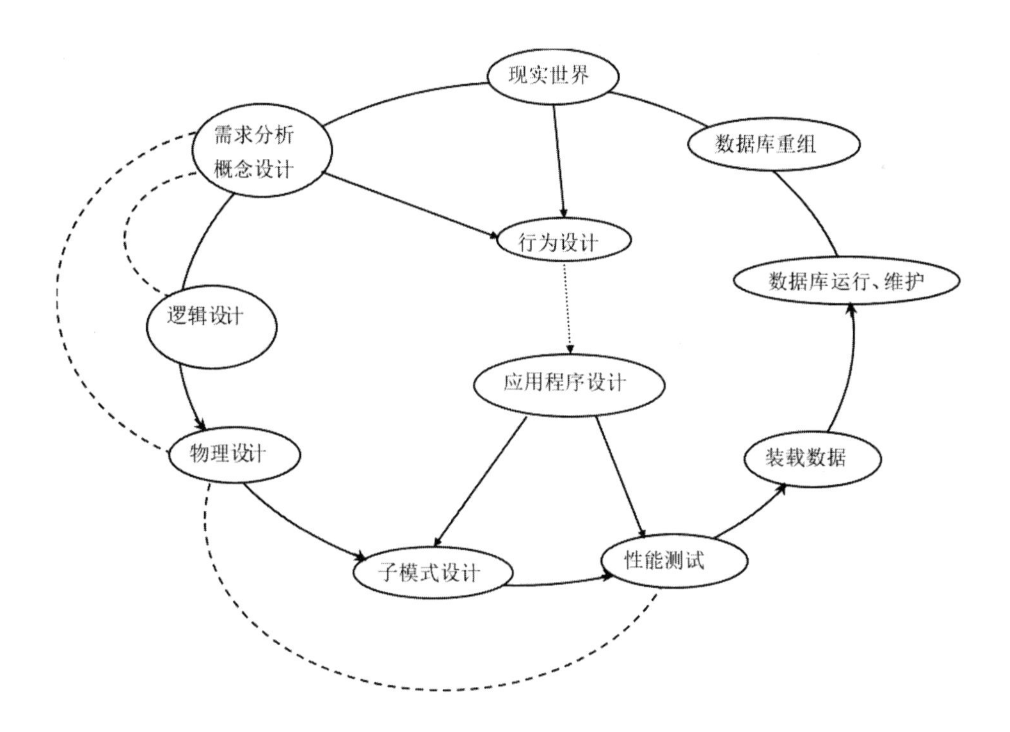

实验 8　长文档排版及邮件合并

8.1　实验目的

(1) 掌握样式的基本操作。
(2) 掌握图片、表格等对象的自动编号方式。
(3) 掌握题注和交叉引用。
(4) 掌握目录的自动生成方式。

8.2　实验内容

1. 长文档编辑

打开文档“学位论文-原件.DOCX”,内容如下:

第 1 章 绪 论

1.1 研究的背景及意义

1.1.1 研究的背景

市面上种类繁多的考试软件大多具有很强的针对性，功能相对单一，只管考试，对于教学管理帮助不大，很难找到符合我校具体情况的软件。需要开发一种集管理，考核于一体的综合考试软件。

本考试系统是为了充分利用学校的网络计算机资源，减轻教师工作负担，提高工作效率，实现无纸化考试。

1.1.2 研究的意义

通过计算机来组织和实施考试的方式具有高效性，可靠性和经济性等优点。首先，降低了教师的工作强度和难度，计算机考试系统是对考试的全过程实行无纸化及自动化，即从考前的数据处理，如考生的数据录入、考号生成，编排考场到考试的实施与评分，直到最后的分数处理，全部由计算机管理与控制。

1.2 现有考试系统存在的问题

现有的考试系统没有教学管理功能，考试与管理是分开的，功能相互独立，数据无法共享。在使用过程中，并不能给教师的教学带来多大好处。本系统将把教学管理和考试糅合到一个系统中，使得管理与考核衔接，真正给教师的教学带来帮助。

第 2 章 考试系统相关技术基础

2.1 软件开发工具

2.1.1 常见开发工具

Java：跨平台的开发语言，可以运行在 Windows 和 Unix/Linux 下面。自 JDK6.0 以来，整体性能得到了极大的提高，市场使用率超过 20%。

2.1.2 VC++简介

VC++是微软公司开发的一个集成开发环境（IDE），就是使用 C++的一个开发平台，很多软件就是用它编出来的。

2.2 数据库技术

2.2.1 SQL SERVER 简介

SQL Server 2008 是一个重大的产品版本，它推出了许多新的特性和关键的改进。SQL Server 2008 提供了公司可依靠的技术和能力来接受不断发展的对于管理数据和给用户发送全面的洞察的挑战。具有在关键领域方面的显著的优势，SQL Server 2008 是一个可信任的、高效的、智能的数据平台。SQL Server 2008 是微软数据平台中的一个主要部分，旨在满足目前和将来管理和使用数据的需求。

2.2.2 数据库安全

随着互联网技术的普及，现在针对数据库的攻击愈演愈烈，很多大型的网站和论坛都相继被攻击。这些网站一般使用的多为 SQLSERVER 数据库，正因为如此，很多人开始怀疑 SQLSERVER 的安全性。但是 SERVER 的易用性和广泛性还是能成为我们继续使用下去的理由?

2.3 ODBC 简介（如下图所示）

开放数据库互连（Open Database Connectivity，ODBC）是微软公司开放服务结构（WOSA，Windows Open Services Architecture）中有关数据库的一个组成部分，它建立了一组规范，并提供了一组对数据库访问的标准 API（应用程序编程接口），这些 API 独立于不同厂商的 DBMS，也独立于具体的编程语言。这些 API 利用 SQL 来完成其大部分任务。ODBC 本身也提供了对 SQL 语言的支持，用户可以直接将 SQL 语句送给 ODBC。

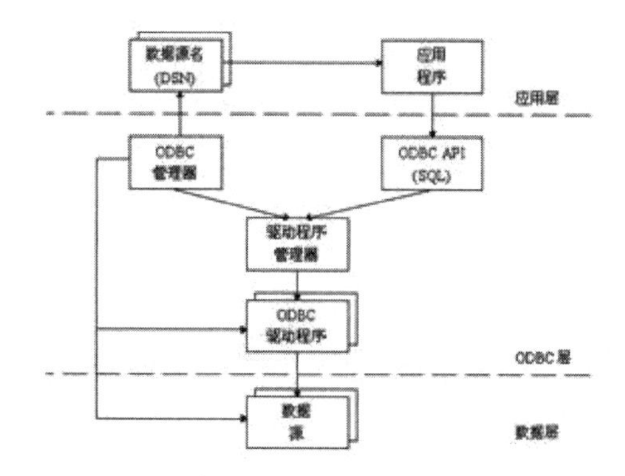

图 2-1 ODBC 层次结构

第 3 章 系统分析

3.1 模式设计

设计软件首先要考虑的问题就是系统模式。

3.1.1 常用系统模式

现在考试系统常用的模式主要有 3 种：客户机/服务器（Client/Server,简称 C/S）模式、

Web 浏览服务器（Browser/Server，简称 B/S）模式、C/S 与 B/S 混合模式。

C/S 模式（如下图所示）

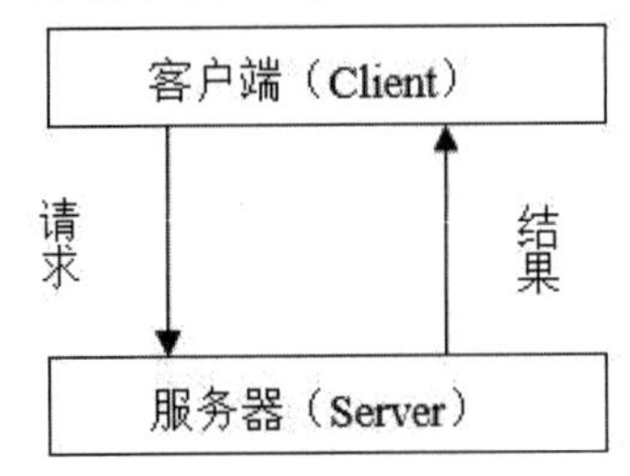

图 3-1 传统的 C/S 模式

3.1.2 本系统采用的体系结构

由于我校经费紧张，计算机机房更新不及时，设备落后，服务器性能不佳，但是经过多年累积，计算机数量众多。同时考虑到考试的严密性、安全性、可操作性，本系统采用 C/S 结构，这样可以最大限度的利用现有的资源。本系统对环境要求不高，主要用于计算机公共课的期末考试以及平时练习，还能对教师的教学办公提供帮助，降低教师的工作强度。

2. 排版

（1）多级列表

全文自动按照如“第 1 章”“1. 1”“1. 1. 1”的样式自动编号。

将插入点置于“第 1 章”前，单击“开始”选项卡中“段落”分组中“多级列表”右侧下拉箭头，在下拉列表中选择“定义新的多级列表”，打开“定义新的多级列表”对话框，单击对话框左下角的“更多”，如图 8-1 所示。在“单击要修改的级别”中选择“1”，在“输入编号的格

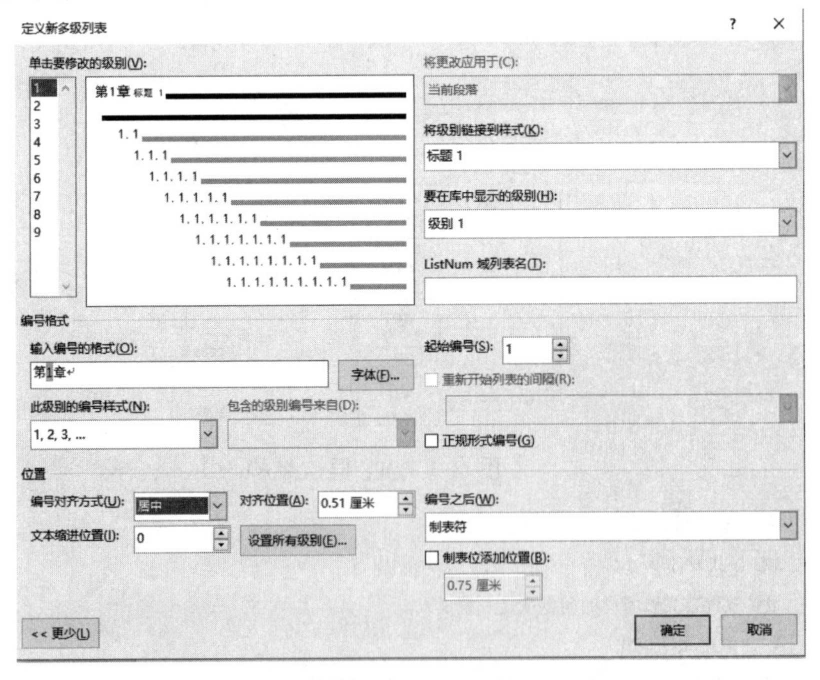

图 8-1　一级标题

式”中，输入“第章”，将插入点光标置于“第”和“章”之间，在“此级别的编号样式”中选择“1，2，3……”，字体设置为“二号黑体加粗”，将自动编号设置完成。在“位置”组中设置“编号的对齐方式”为“居中”。将对话框右边“将级别链接到样式”选项(默认是“无样式”)设置为“标题 1”，将“要在库中显示的级别”选项设置为“级别 1”。

重新在对话框中将“单击要修改的级别”中设置为“2”，删除“输入编号的格式”中的数字，在单击“包含的级别编号来自”下拉按钮，在列表框中选择“级别 1”，此时“输入的编号格式”中自动出现“1”，如图 8-2 所示。

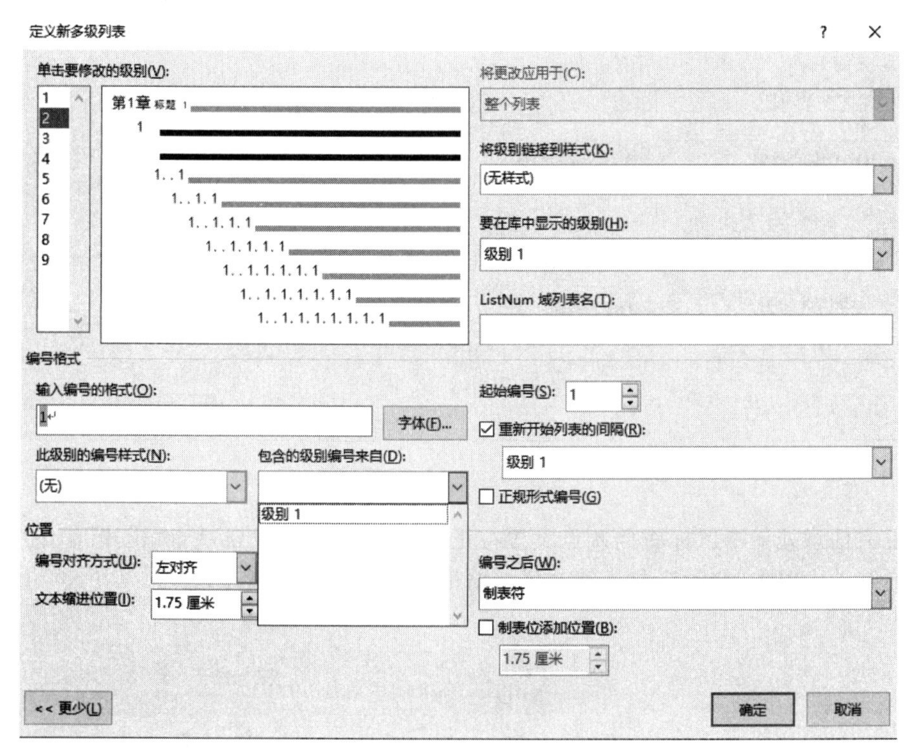

图 8-2 包含章节编号

在“1”后输入“.”，单击在“此级别编号样式”的下拉按钮，在列表框中选择为“1，2，3……”，字体设置为“三号宋体加粗”，此时“编号格式”中自动出现“1.1”，在对话框右边的选项“将级别链接到样式”中选择“标题 2”，在“要在库中显示的级别”选择“级别 2”，单击“确定”退出，如图 8-3 所示。

同理，可以设置多级标题中的三级标题、四级标题等。

多级列表设置完后，将插入点置于“第 1 章 绪论”前删除原本位置的“第 1 章”，单击“样式”分组中的“标题 1”按钮，此时自动出现“第 1 章”。

插入点置于“1.1 研究的背景及意义”前删除原本的编号“1.1”，单击“样式”分组中的“标题 2”按钮，此时自动出现“1.1”。同理，对文章中其他几章的各级别小节按次序进行设置。

(2) 样式

将全文正文的字体设置为中文字体为“宋体”，西文字体为“Times New Roman”，字号为“小四”。正文的段落设置为首行缩进 2 字符，行距为单倍行距。

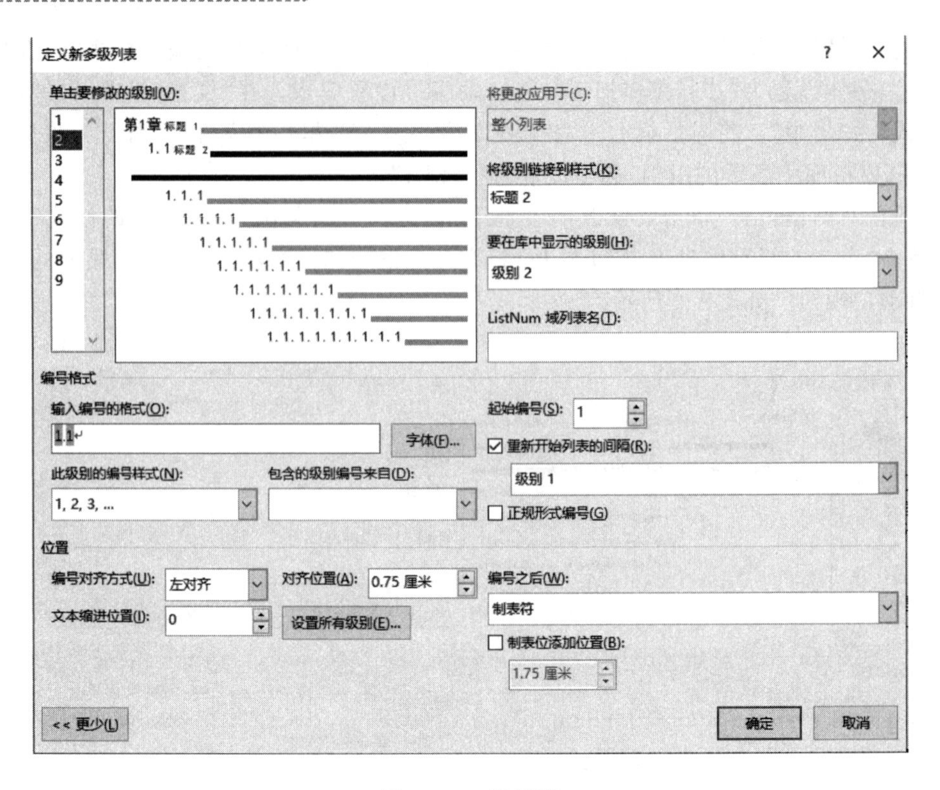

图 8-3　二级标题

在正文任意处单击鼠标将插入点设置在正文中，右击“开始”选项卡“样式”组中“正文”，在弹出的菜单中单击“修改”，打开修改样式对话框，如图 8-4 所示。

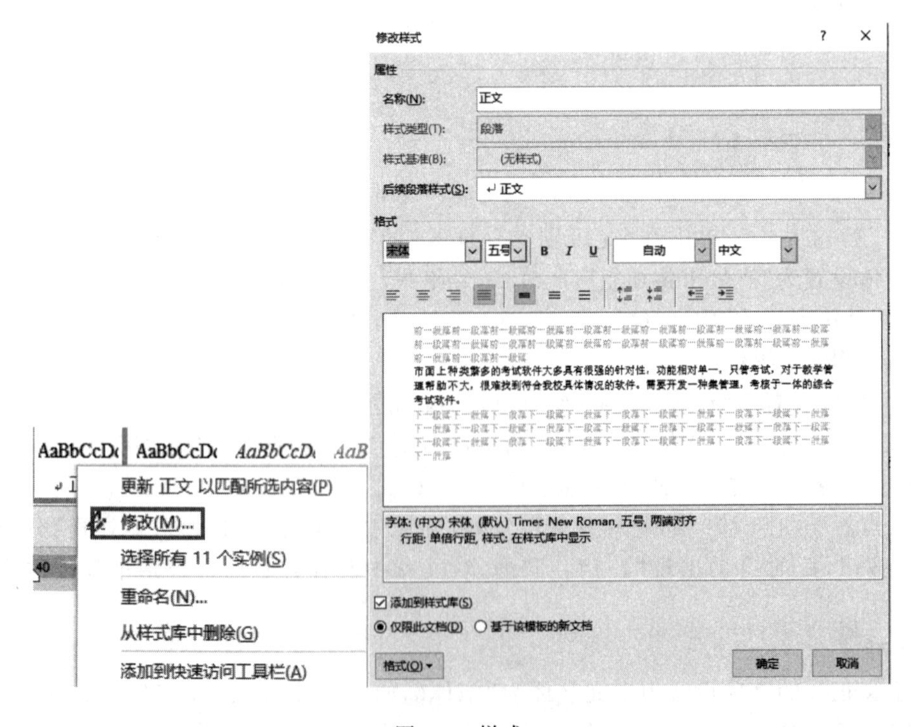

图 8-4　样式

单击对话框下方中的“格式”按钮，在弹出的菜单中选择“字体”，打开“字体”对话框。在“字体”对话框中选择“中文字体”为“宋体”，西文字体为“Times New Roman”，字号为“小四”，如图 8-5(左)所示，单击“确定”按钮。再次在“格式”中选择“段落”，在“段落对话框”中设置“特殊格式”为“首行缩进”，“度量值”为“2 字符”，行距为“单倍行距”，其余格式默认设置，如图 8-5(右)所示，单击“确定”按钮。此时，正文中所有正文样式的段落自动应用修改后的正文样式。

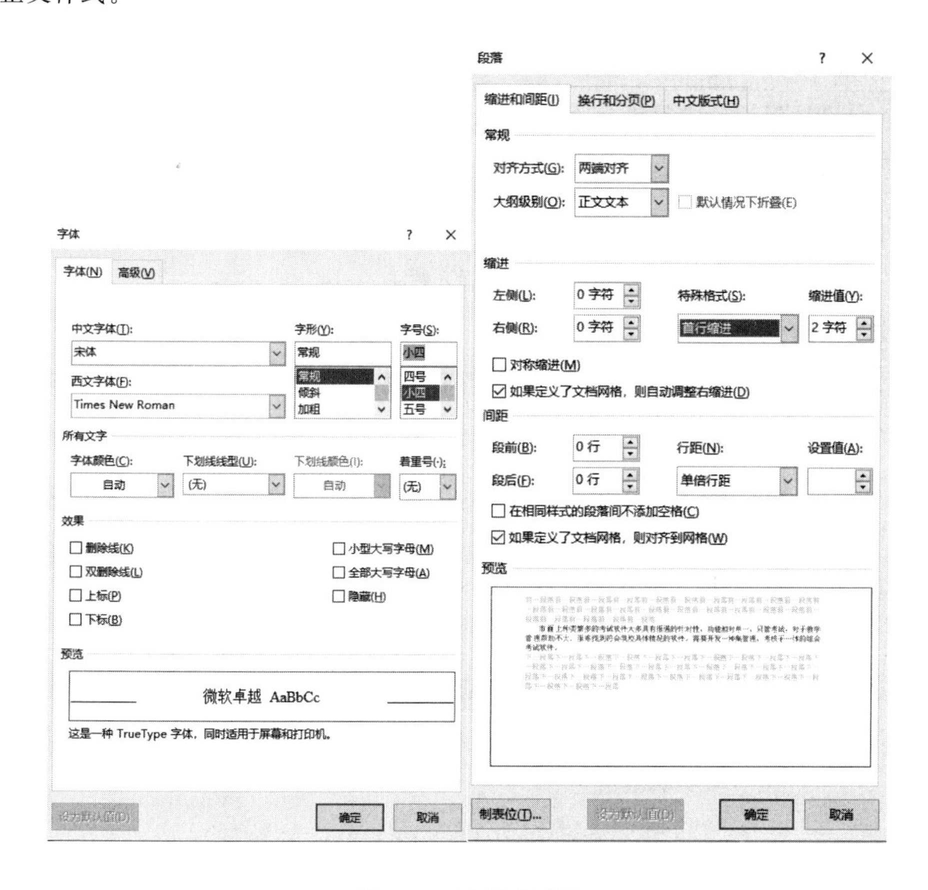

图 8-5　正文样式设置

同理，也可修改“标题 1”“标题 2”“标题 3”的格式。

(3) 题注

为全文图表加上题注，题注标签编号随章节变化，图题注标签编号位于图的下侧，表题注标签编号位于表的上方，题注及图表均居中。

单击选中要加题注的图，单击“引用”选项卡中的“插入题注”按钮，打开“题注”对话框。设置题注标签为“图”，若图标签不存在，单击“新建标签”按钮，打开如图 8-6 所示，单击“确定”按钮。单击“编号”在“题注编号”对话框中选择“格式”为“1，2，3…”，勾选“包含章节号”复选项，如图 8-6 所示，“章节起始样式”设为“标题 1”，在“使用分隔符”下拉列表中选择“-连字符”,单击“确定”按钮,回到“题注”对话框单击“确定”按钮插入题注。

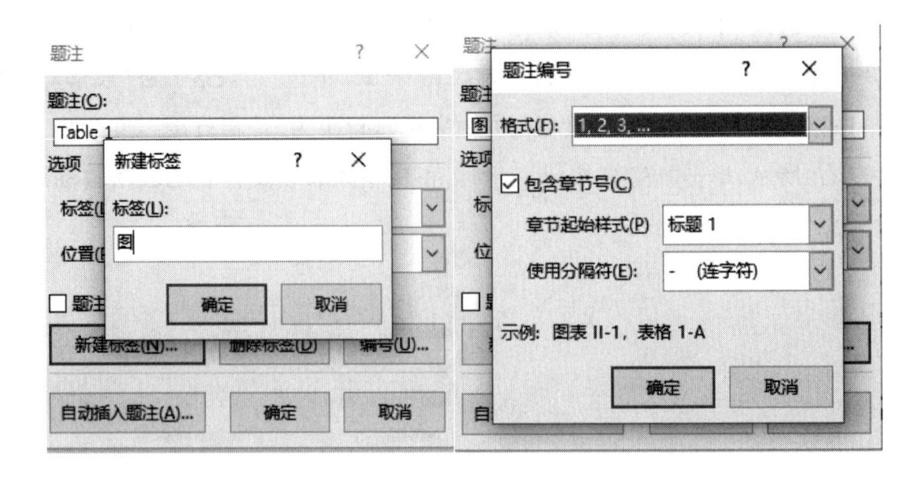

图 8-6　插入题注

(4) 交叉引用

对正文中出现“如下图所示”中的“下图”两字改为“图 X-Y”,其中“X-Y”为表题注的编号。

选中文中的“下图”,单击“引用”选项卡中“交叉引用”按钮,打开交叉引用对话框,在“引用类型”中选择“图”,选择所要引用的题注,在“引用内容”中选择“只用标签和编号”,单击“插入”,如图 8-7 所示。逐一检查文中需要交叉引用的位置。

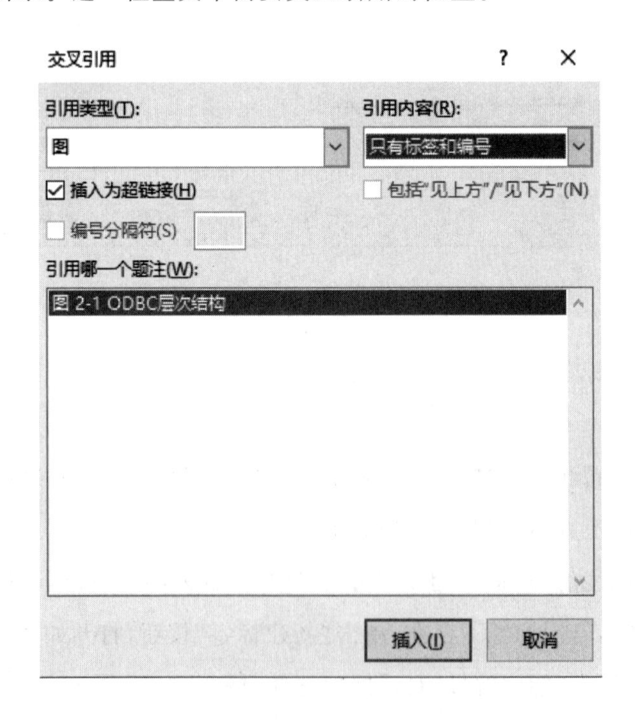

图 8-7　交叉引用

(5) 页眉页脚

将全文的页眉设置为“学位论文”,页脚为“第×页”(×为自动编号)。

单击“插入”选项卡“页眉和页脚”组中的“页眉”,选择“编辑页眉”命令,进入页眉,在页眉位置输入“学位论文”。

单击“页眉和页脚工具”选项卡“导航”分组中的“转至页脚”,将插入点置于页脚位置,输入“第页”,将插入点定位于“第”和“页”之间,在“页眉和页脚工具”中的“设计”选项卡中“页眉和页脚”组,单击“页码”按钮,选择“当前位置”,选择页码样式,插入当前页的页码。

单击关闭“页眉和页脚”按钮,退出当前设置模式。

(6) 目录

将插入点光标定位于文档首部,单击“布局”选项卡中的“分隔符”下拉按钮,在“分节符”中选择“下一页”,添加分节,如图 8-8 所示。

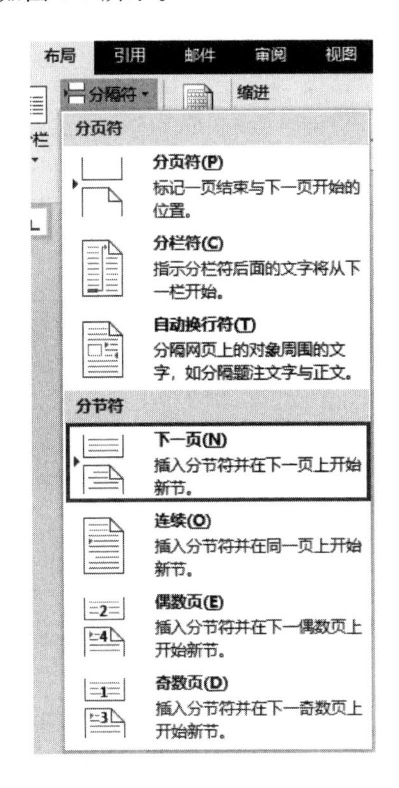

图 8-8 分节符

将插入点定位于新一节的开始位置,在“开始”选项卡的“样式”组中单击“正文”,然后单击“引用”选项卡中的“目录”下拉按钮,在弹出的菜单中单击“自动目录 1”命令,如图 8-9 所示,可在当前位置自动生成目录。

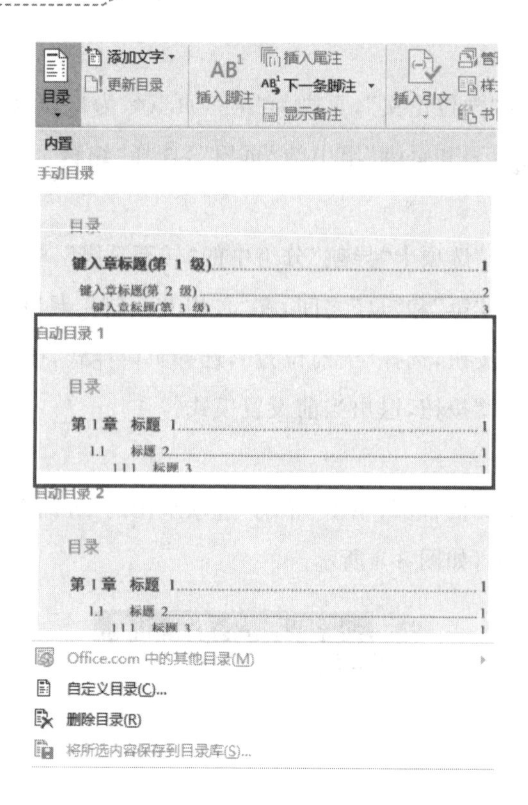

图 8-9 自动目录

适当调整目录各部分的字体段落格式，如图 8-10 所示。

目录

第 1 章 绪 论 1

1.1 研究的背景及意义 1

1.1.1 研究的背景 1

1.1.2 研究的意义 1

1.2 现有考试系统存在的问题 1

第 2 章 考试系统相关技术基础 1

2.1 软件开发工具 1

2.1.1 常见开发工具 1

2.1.2 VC++简介 2

2.2 数据库技术 2

2.2.1 SQL SERVER 简介 2

2.2.2 数据库安全 2

2.3 ODBC 简介 2

第 3 章 系统分析 3

3.1 模式设计 3

3.1.1 常用系统模式 3

3.1.2 本系统采用的体系结构 4

3.2 项目需求分析 4

3.2.1 系统管理员子系统需求分析 4

图 8-10 目录

3. 邮件合并

在“D:\学号姓名\Word 实验”文件夹中新建一个名为“邮件合并”的文件，以下步骤都在此文件夹中操作。

（1）制作主文档

创建成绩通知单，保存为“成绩通知单格式.docx”，如图 8-11 所示。

成绩通知单

______（学号：_____）同学：本学期你的期终考试成绩如下			
大学英语		大学计算机基础	
思想道德修养与法律基础		高等数学	
体育		大学语文	

图 8-11　成绩通知单

（2）制作数据源

创建数据源文档，保存为“考试成绩表.docx”文档，内容如表 8-1 所示。

表 8-1　考试成绩表

学号	姓名	大学英语	体育	思想道德修养与法律基础	大学计算机基础	高等数学	大学语文
04001	张三	78	90	98	76	88	87
04002	李四	56	70	87	77	69	96
04003	王五	76	90	90	87	90	76

（3）邮件合并

以“考试成绩表.docx”为数据源，生成“成绩通知单”文档，步骤如下。

第一步：打开“成绩通知单格式.docx”主文档。

第二步：打开数据源。单击“邮件”选项卡中“开始邮件合并”组的“选择收件人”下拉按钮，在列表中选择“使用现有列表”，打开选取数据源对话框，选择“考试成绩表.docx”为数据源，如图 8-12 所示。

图 8-12　选择数据源

第三步：插入合并域。将光标置于“学号”前的下划线位置，单击“邮件”选项卡中“编写和插入域”组的“插入合并域”下拉按钮，选择域名“姓名”(用同样的方法插入“学号”“大学英语”“思想道德修养与法律基础”等域名)，如图 8-13 所示。

成绩通知单

«姓名»（学号：«学号»）同学：本学期你的期终考试成绩如下			
大学英语	«大学英语»	大学计算机基础	«大学计算机基础»
思想道德修养与法律基础	«思想道德修养与法律基础»	高等数学	«高等数学»
体育	«体育»	大学语文	«大学语文»

图 8-13　插入域

第四步：完成并合并。单击“邮件”选项卡中“完成”组的“完成并合并”下拉按钮，选择“编辑单个文档”，打开“合并到新文档”对话框，不改变对话框中各选项设置，单击“确定”。

第五步：保存文档。跟普通文档保存方法相同，最终生成一个包含三个学生的“成绩通知单”文档，如图 8-14 所示。

成绩通知单

张三（学号：04001）同学：本学期你的期终考试成绩如下			
大学英语	78	大学计算机基础	76
思想道德修养与法律基础	98	高等数学	88
体育	90	大学语文	87

成绩通知单

李四 （学号：04002）同学：本学期你的期终考试成绩如下			
大学英语	56	大学计算机基础	77
思想道德修养与法律基础	87	高等数学	69
体育	70	大学语文	96

成绩通知单

王五 （学号：04003）同学：本学期你的期终考试成绩如下			
大学英语	76	大学计算机基础	87
思想道德修养与法律基础	90	高等数学	90
体育	90	大学语文	76

图 8-14　最终效果

实验9 Excel 2019 基本操作

9.1 实验目的

(1) 通过本实验的练习，掌握工作簿及工作表的创建方法。

(2) 学会工作表中数据的录入、编辑、处理和保存。

(3) 学会工作表的格式设置，掌握调整工作表行高、列宽以及设置单元格格式，即设置单元格字体、单元格的边框、图案、单元格的保护、文本的对齐方式、单元格中数字的类型等方法。

9.2 实验内容

在"D:\学号姓名"文件夹下创建一个新的文件夹"Excel 实验"，在此文件夹下创建"期末成绩统计.xlsx"文件。

1. 创建工作表

(1) 打开"D:\学号姓名\Excel 实验\期末成绩统计.xlsx"文件，在 Sheet1 工作表中，从 A1 单元格开始，输入如图 9-1 所示的数据。

	A	B	C	D	E	F	G	H	I
1	期末成绩统计表								
2	学号	姓名	数学	英语	计算机	总分	平均分	名次	总评等级
3	10401	李小明	90	85	91				
4	10402	张大为	85	87	92				
5	10403	汪平卫	76	81	70				
6	10404	郭晓华	87	80	81				
7	10405	陈月华	69	75	80				
8	10406	刘洋	72	50	88				
9	10407	胡俊	64	82	96				
10	10408	李佳	68	60	89				
11	10409	田奇	79	100	99				
12	10410	姚明	77	66	100				
13	最高分								
14	平均分								
15	分数段人数	0-59							
16		60-69							
17		70-79							
18		80-89							
19		90-100							

图 9-1　期末成绩统计样张

(2) 单击单元格 A1 输入“期末成绩统计表”并按下 Enter 键。

(3) 在单元格 A3、A4 中分别输入“10401”和“10402”；选择单元格区域 A3:A4，移动鼠标至区域右下角，待鼠标形状由空心十字变成实心十字时(通常称这种状态为“填充柄”状态)，向下拖曳鼠标至 A12 单元格时放开鼠标。

(4) 在单元格 A13、A14 分别输入“最高分”和“平均分”。

(5) 在 A15 中输入“分数段人数”。

(6) 输入其余部分数据。

2. 编辑工作表

(1) 单元格的选取

• 单个单元格的选取

打开“D:\学号姓名\Excel 实验\期末成绩统计.xlsx”文件，单击“Sheet2”工作表标签，用鼠标单击 B2 单元格即可选取该单元格。

• 连续单元格的选取

单击 B3 单元格，按住鼠标左键并向右下方拖动到 F4 单元格，则选取了 B3:F4 单元格区域；单击行号“4”，则第 4 行单元格区域全部被选取；若按住鼠标左键向下拖动至行号“6”，松开鼠标，则第 4、5、6 行单元格区域全部被选取；单击列表“D”，则 D 列单元格区域全部被选取。同样的，我们可以选取其他单元格区域。

• 非连续单元格区域的选取

先选取 B3:F4 单元区域，然后按住 Ctrl 键不放，再选取 D9、D13、E11 单元格，单击行号“7”，单击列号“H”，如图 9-2 所示。

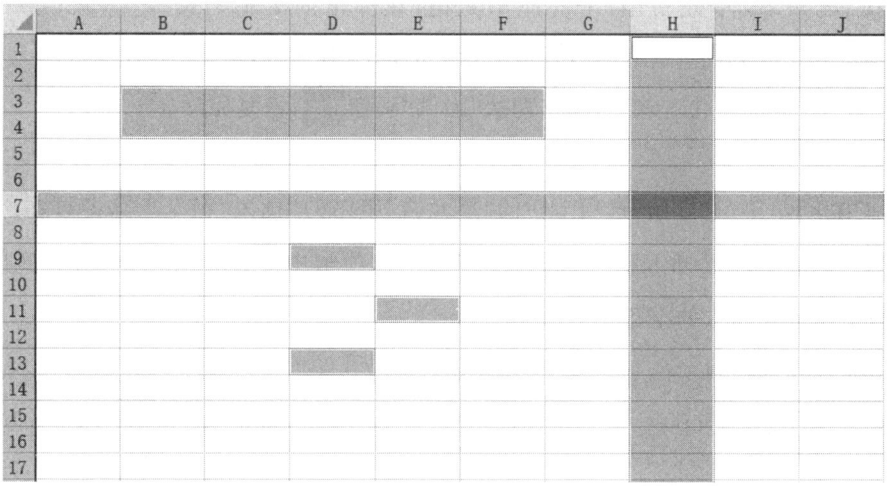

图 9-2　非连续单元格的选取

(2) 单元格数据的复制

在 Sheet1 工作表中选取 B2:E4 单元格区域，单击“开始”选项卡中的“剪贴板”组中的“复制”按钮[复制]，单击 Sheet2 工作表标签后选择 A1 单元格，单击“剪贴板”组中的“粘贴”

按钮，就可完成复制工作。

(3) 单元格数据的移动

选取 Sheet2 工作表中的 A1:D3 单元格区域，将鼠标指针移到区域边框上，当鼠标指针变为十字方向箭头时，按住鼠标左键不放，拖动鼠标至 B5 单元格开始的区域，松开鼠标左键，即可完成移动操作。若拖动的同时，按住 Ctrl 键不放，则执行复制操作。

(4) 插入单元格

在 Sheet1 工作表中，右击 B2 单元格，在弹出的菜单上选择“插入(I)…”命令插入(I)...，屏幕出现如图 9-3 所示的有四个选项的插入对话框，单击“活动单元格下移”单选按钮，观察姓名一栏的变化。

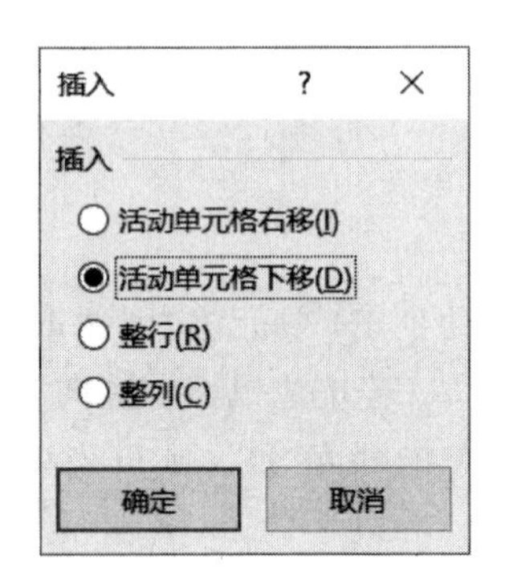

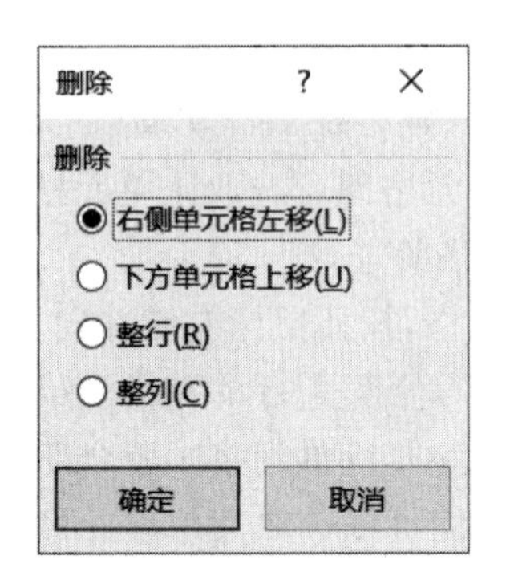

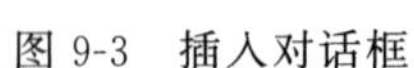
图 9-3　插入对话框

图 9-4　删除对话框

(5) 删除单元格

选取 B2 和 B3 单元格，右击对应单元格，在弹出的菜单上选择“删除(D)…”命令删除(D)...，屏幕出现如图 9-4 所示的有四个选项的删除对话框，单击“下方单元格上移”单选按钮，观察工作表的变化。最后，单击两次“撤销”按钮，恢复原样。

(6) 插入或删除行

选取第 3 行，单击“开始”选项卡中的“单元格”组中的“插入”命令，即可在所选行的上方插入一行。选取已插入的空行，单击“开始”选项卡中的“单元格”组中的“删除”命令，即可删除刚才插入的空行。

(7) 插入或删除列

选取第 B 列，单击“开始”选项卡中的“单元格”组中的“插入”命令，即可在所选列的左边插入一列。选取已插入的空列，单击“开始”选项卡中的“单元格”组中的删除命令，即可删除刚才插入的空列。

3. 工作表的格式化

(1) 工作表的命名

打开“D:\学号姓名\Excel 实验\上半年销售统计. xlsx”文件，双击 Sheet1 工作表标签，输入“销售数据”,将工作表重命名为“销售数据”。

(2) 调整表格的行高和列宽

按下“Ctrl+A”组合键选中整张工作表,选择“开始”选项卡中的“单元格”组中的“格式”下拉菜单中的“行高”命令,如图 9-5 所示。在行高对话框的文本框中输入“18”,单击“确定”按钮,用类似的方法设置列宽为 14。

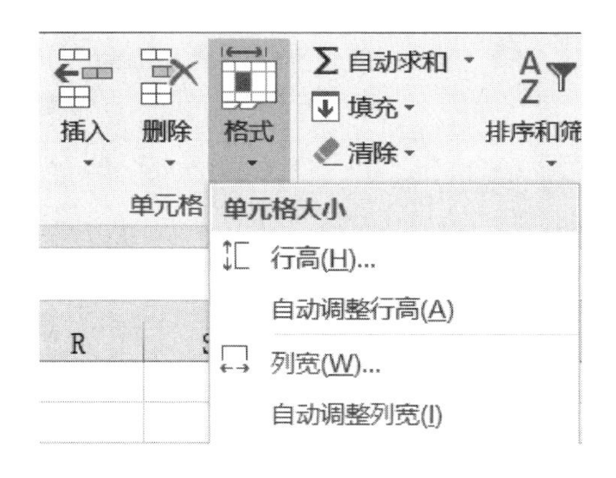

图 9-5　行高及列宽设置

(3) 标题格式设置

第一步:选取 A1:H1,然后单击“开始”选项卡中的“对齐方式”组中的“合并后居中”按钮[合并后居中],使之成为居中标题。双击标题所在单元格,将光标定位在“公司”文字后面,按“Alt+Enter”组合键,则将标题文字放在两行,同时为当前行调整合适的行高。

第二步:单击“开始”选项卡中的“字体”组中右下角的对话框启动器,将弹出如图 9-6 所示的设置单元格格式对话框,选择“字体”选项卡,将字号设为 16,颜色设为红色。

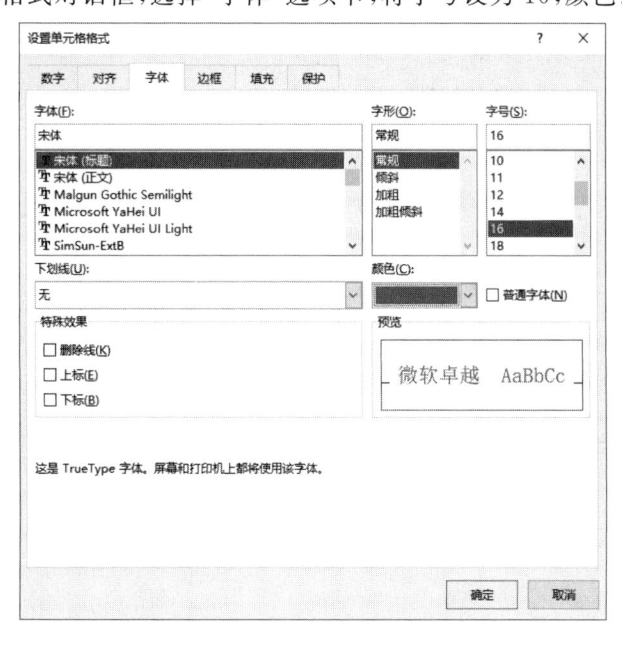

图 9-6　设置单元格格式对话框

(4) 设置单元格中文字的水平方向和垂直方向为居中

选取 A2:H10 单元格区域，单击“开始”选项卡中的“单元格”组中的“格式”下拉菜单中的“设置单元格格式”命令，在单元格格式对话框中选择“对齐”选项卡，在“水平对齐”和“垂直对齐”下拉列表框中选择“居中”，如图 9-7 所示。

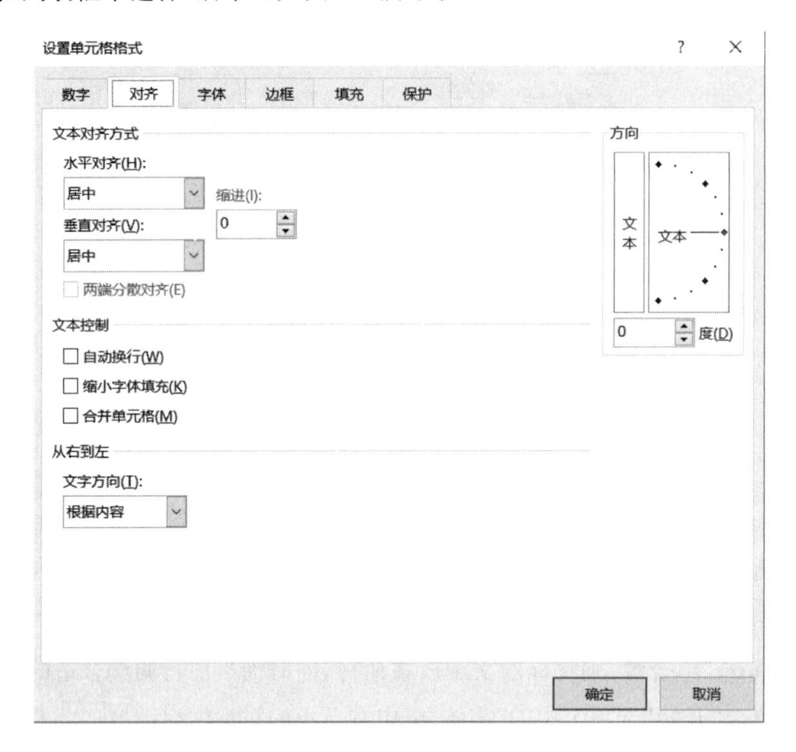

图 9-7　对齐方式设置

(5) 将数字区域置为货币格式

选取 B3:H10 区域，单击“开始”选项卡中的“数字”组中的“会计数字格式”按钮，如图 9-8 所示。

	A	B	C	D	E	F	G	H
1	华康电器销售公司 2020年上半年产品销售表（单位：元）							
2		冰箱	电视机	洗衣机	影碟机	照相机	摄像机	总计
3	一月	¥ 83,500.00	¥ 84,000.00	¥ 73,500.00	¥ 76,000.00	¥ 74,200.00	¥ 88,000.00	
4	二月	¥ 57,900.00	¥ 56,800.00	¥ 54,200.00	¥ 96,500.00	¥ 95,000.00	¥ 96,500.00	
5	三月	¥ 35,600.00	¥ 34,200.00	¥ 36,200.00	¥ 116,000.00	¥ 114,400.00	¥ 100,300.00	
6	四月	¥ 142,600.00	¥ 138,000.00	¥ 194,000.00	¥ 22,600.00	¥ 17,000.00	¥ 12,000.00	
7	五月	¥ 123,000.00	¥ 136,400.00	¥ 145,000.00	¥ 31,000.00	¥ 24,600.00	¥ 34,000.00	
8	六月	¥ 94,000.00	¥ 100,600.00	¥ 96,500.00	¥ 54,000.00	¥ 57,900.00	¥ 54,600.00	
9	合计							
10	平均							

图 9-8　货币格式设置

(6) 边框、底纹设置

选取表格区域中的所有单元格，单击“开始”选项卡中的“单元格”组中的“格式”下拉菜单中的“设置单元格格式”命令，在单元格格式对话框中选择“边框”选项卡，如图 9-9 所示，设置“内部”为细线，“外边框”为粗线。

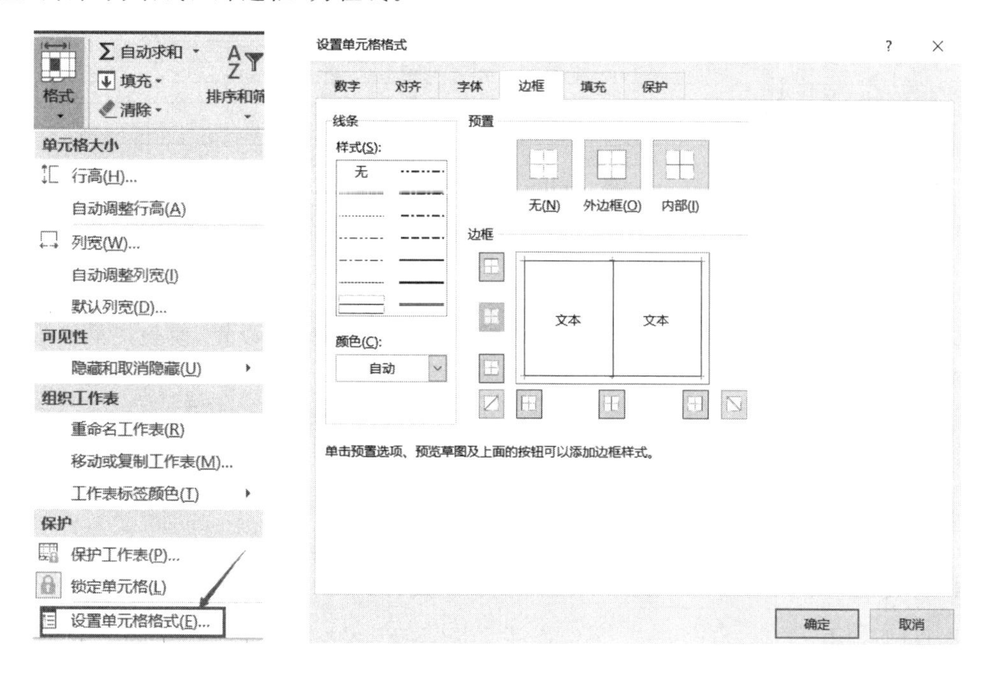

图 9-9　边框对话框

为了使表格的标题与数据以及源数据与计算数据之间区分明显，可以为它们设置不同的底纹颜色。选取需要设置颜色的区域，选择单元格格式对话框中“填充”选项卡，设置颜色。以上设置全部完成后，表格效果如图 9-10 所示。

华康电器销售公司 2020年上半年产品销售表（单位：元）							
	冰箱	电视机	洗衣机	影碟机	照相机	摄像机	总计
一月	¥ 83,500.00	¥ 84,000.00	¥ 73,500.00	¥ 76,000.00	¥ 74,200.00	¥ 88,000.00	
二月	¥ 57,900.00	¥ 56,800.00	¥ 54,200.00	¥ 96,500.00	¥ 95,000.00	¥ 96,500.00	
三月	¥ 35,600.00	¥ 34,200.00	¥ 36,200.00	¥116,000.00	¥114,400.00	¥100,300.00	
四月	¥142,600.00	¥138,000.00	¥194,000.00	¥ 22,600.00	¥ 17,000.00	¥ 12,000.00	
五月	¥123,000.00	¥136,400.00	¥145,000.00	¥ 31,000.00	¥ 24,600.00	¥ 34,000.00	
六月	¥ 94,000.00	¥100,600.00	¥ 96,500.00	¥ 54,000.00	¥ 57,900.00	¥ 54,600.00	
合计							
平均							

图 9-10　最终效果

9.3　实验作业

(1) 创建“学生成绩”工作簿及“2018 级学生成绩表”。

① 在“D:\学号姓名\Excel 实验”下，创建“学生成绩.xlsx”文件，在“学生成绩”工作簿中建立一个工作表，取名“2018 级学生成绩表”。

② 参照如图 9-11 所示的“2018 级学生成绩表”，为新表录入数据。

	A	B	C	D	E	F	G	H	I	J
1	2018级学生成绩表									
2	学号	姓名	性别	出生日期	高等数学	大学英语	程序设计	大学物理	总分	平均分
3	2016430101	韩红波	男	1990-03-21	78	80	76	70		
4	2016430102	周红梅	女	1989-04-11	78	86	84	48		
5	2016430103	张圆圆	女	1989-05-15	75	57	80	82		
6	2016430104	赵卫国	男	1991-05-15	93	86	91	88		
7	2016430105	刘兵	男	1990-09-28	66	70	68	54		
8	2016430106	刘小洋	男	1990-03-18	55	80	79	56		
9	2016430107	孙丽	女	1989-07-29	86	67	90	82		
10	2016430108	王晓东	男	1990-09-19	90	68	77	75		

图 9-11　2018 级学生成绩表样张

③ 为新表设置标题。将“2018 级学生成绩表”的标题做如下设置，使表格最终效果图如图 9-12 所示。

a. 行高：“22”。

b. 字体：“黑体”并“加粗”。

c. 字大小：“16”。

d. 底纹：“橙色”。

④ 将表头单元格中“学号”至“平均分”，做如下设置。

a. 行高：“15”。

b. 字体：“楷体”并“加粗”。

c. 字大小：“12”。

d. 底纹：“蓝色，个性色 1，淡色 40%”。

e. 单元格对齐方式：水平和垂直方向都“居中”。

⑤ 将表中的数据单元格做如下设置。

a. 行高、字体、字大小、图案都保持不变。

b. 对齐方式：水平和垂直方向都“居中”。

c. 边框：外边框为黑色、粗线条，内边框为黑色、细线条。

2018级学生成绩表									
学号	姓名	性别	出生日期	高等数学	大学英语	程序设计	大学物理	总分	平均分
2016430101	韩红波	男	1990-03-21	78	80	76	70		
2016430102	周红梅	女	1989-04-11	78	86	84	48		
2016430103	张圆圆	女	1989-05-15	75	57	80	82		
2016430104	赵卫国	男	1991-05-15	93	86	91	88		
2016430105	刘兵	男	1990-09-28	66	70	68	54		
2016430106	刘小洋	男	1990-03-18	55	80	79	56		
2016430107	孙丽	女	1989-07-29	86	67	90	82		
2016430108	王晓东	男	1990-09-19	90	68	77	75		

图 9-12　2018 级学生成绩表最终效果图

(2) 创建一个“希望公司薪水表. xlsx”工作簿。

① 启动 Excel 2019，在 Sheet1 工作表 A1 中输入表标题“希望公司员工薪水表”。

② 输入表格中各字段的名称：序号、姓名、部门、分公司、出生日期、工作时数、小时报酬等。

③ 分别输入各条数据记录并保存，如图 9-13 所示。

	A	B	C	D	E	F	G	H
1	希望公司员工薪水表							
2	工号	姓名	部门	分公司	出生日期	工作时数	小时报酬	
3	DF001	莫一丁	管理	南京	23013	150	36	
4	DF002	郭晶	行政	北京	32571	140	28	
5	DF003	侯大文	管理	厦门	28471	110	21	
6	DF004	宋子华	人事	上海	27676	160	34	
7	DF005	王清华	人事	上海	26544	140	31	
8	DF006	张国庆	研发	厦门	28836	90	23	
9	DF007	曾晓军	管理	上海	23738	140	28	
10	DF008	齐小小	管理	北京	26796	100	42	
11	DF009	孙小红	行政	上海	31624	110	28	
12	DF010	陈家洛	研发	北京	26944	140	21	
13	DF011	李小飞	研发	厦门	29094	130	23	
14	DF012	杜兰儿	人事	南京	31141	160	25	
15	DF013	苏三强	研发	厦门	26350	120	45	
16	DF014	张乖乖	行政	上海	29892	80	30	

图 9-13　希望公司薪水表样张

(3) 对“希望公司薪水表.xlsx”进行编辑与数据计算。

① 在 H2 单元格内输入字段名“薪水”,在 A17 和 A18 单元格内分别输入数据“总数”“平均”。

② 在单元格 H3 中利用公式“=F3 * G3”求出相应的值,然后利用复制填充功能在单元格区域 H4:H16 中分别求出各单元格相应的值。

③ 分别利用函数 SUM()在 F17 单元格内对单元格区域 F3:F16 求和,在 H17 单元格内对单元格区域 H3:H16 求和。

④ 分别利用函数 AVERAGE()在 F18 单元格内对单元格区域 F3:F16 求平均值,在 G18 单元格内对单元格区域 G3:G16 求平均值,在 H18 单元格内对单元格区域 H3:H16 求平均值。效果如图 9-14 所示。

	A	B	C	D	E	F	G	H
1	希望公司员工薪水表							
2	工号	姓名	部门	分公司	出生日期	工作时数	小时报酬	薪水
3	DF001	莫一丁	管理	南京	23013	150	36	5400
4	DF002	郭晶	行政	北京	32571	140	28	3920
5	DF003	侯大文	管理	厦门	28471	110	21	2310
6	DF004	宋子华	人事	上海	27676	160	34	5440
7	DF005	王清华	人事	上海	26544	140	31	4340
8	DF006	张国庆	研发	厦门	28836	90	23	2070
9	DF007	曾晓军	管理	上海	23738	140	28	3920
10	DF008	齐小小	管理	北京	26796	100	42	4200
11	DF009	孙小红	行政	上海	31624	110	28	3080
12	DF010	陈家洛	研发	北京	26944	140	21	2940
13	DF011	李小飞	研发	厦门	29094	130	23	2990
14	DF012	杜兰儿	人事	南京	31141	160	25	4000
15	DF013	苏三强	研发	厦门	26350	120	45	5400
16	DF014	张乖乖	行政	上海	29892	80	30	2400
17	总数					1770		52410
18	平均					126.4286		3743.571

图 9-14　计算后的员工薪水表

（4）对“希望公司薪水表.xlsx”进行格式化。

① 设置第1行行高为“26”，第2、17、18行行高为“16”，A列列宽为“8”，D列列宽为“6”，合并及居中单元格区域A1:H1、A17:E17、A18:E18。

② 设置单元格区域A1为“隶书、18号、加粗、红色”，单元格区域A2:H2、A17、A18为“仿宋、12号、加粗、浅绿色”。

③ 设置单元格区域E3:E16为日期格式“2001年3月”，单元格区域F3:F18为保留1位小数的数值，单元格区域G3:H18为保留2位小数的货币，并加货币符号“￥”。

④ 设置单元格区域A2:H18为水平和垂直居中，外边框为双细线，内边框为单细线，效果如图9-15所示。

希望公司员工薪水表

工号	姓名	部门	分公司	出生日期	工作时数	小时报酬	薪水
DF001	莫一丁	管理	南京	1963年1月	150.0	￥36.00	￥ 5,400.00
DF002	郭晶	行政	北京	1989年3月	140.0	￥28.00	￥ 3,920.00
DF003	侯大文	管理	厦门	1977年12月	110.0	￥21.00	￥ 2,310.00
DF004	宋子华	人事	上海	1975年10月	160.0	￥34.00	￥ 5,440.00
DF005	王清华	人事	上海	1972年9月	140.0	￥31.00	￥ 4,340.00
DF006	张国庆	研发	厦门	1978年12月	90.0	￥23.00	￥ 2,070.00
DF007	曾晓军	管理	上海	1964年12月	140.0	￥28.00	￥ 3,920.00
DF008	齐小小	管理	北京	1973年5月	100.0	￥42.00	￥ 4,200.00
DF009	孙小红	行政	上海	1986年7月	110.0	￥28.00	￥ 3,080.00
DF010	陈家洛	研发	北京	1973年10月	140.0	￥21.00	￥ 2,940.00
DF011	李小飞	研发	厦门	1979年8月	130.0	￥23.00	￥ 2,990.00
DF012	杜兰儿	人事	南京	1985年4月	160.0	￥25.00	￥ 4,000.00
DF013	苏三强	研发	厦门	1972年2月	120.0	￥45.00	￥ 5,400.00
DF014	张乖乖	行政	上海	1981年11月	80.0	￥30.00	￥ 2,400.00
总数					1770.0		￥52,410.00
平均					126.4		￥ 3,743.57

图9-15　希望公司薪水表最终效果图

实验 10　Excel 2019 公式、函数和数据分析

10.1　实验目的

(1) 通过本实验的练习,进一步加深对公式运用中数值、单元格引用及操作符这三要素的理解。

(2) 通过直接输入函数或利用函数向导插入函数,熟悉和掌握常用函数的使用方法。

(3) 了解 Excel 中的假设分析工具,掌握单变量求解以及规划求解方法,并深切体会这些知识点的应用价值。

10.2　实验内容

1. 公式和函数

(1) 使用公式

打开"D:\学号姓名\Excel 实验\上半年销售统计. xlsx"文件,在"销售数据"工作表中,H3 单元格需要计算一月份各种产品销售额的总计数值,可用公式来完成。操作步骤如下。

第一步:双击 H3 单元格,进入编辑状态。在单元格 H3 中输入公式"＝B3＋C3＋D3＋E3＋F3＋G3",如图 10-1 所示。

H3　=B3+C3+D3+E3+F3+G3

	A	B	C	D	E	F	G	H
1	华康电器销售公司 2020年上半年产品销售表(单位:元)							
2		冰箱	电视机	洗衣机	影碟机	照相机	摄像机	总计
3	一月	¥ 83,500.00	¥ 84,000.00	¥ 73,500.00	¥ 76,000.00	¥ 74,200.00	¥ 8[illegible]	=B3+C3+D3+E3+F3+G3
4	二月	¥ 57,900.00	¥ 56,800.00	¥ 54,200.00	¥ 96,500.00	¥ 95,000.00	¥ 96,500.00	
5	三月	¥ 35,600.00	¥ 34,200.00	¥ 36,200.00	¥ 116,000.00	¥ 114,400.00	¥ 100,300.00	
6	四月	¥ 142,600.00	¥ 138,000.00	¥ 194,000.00	¥ 22,600.00	¥ 17,000.00	¥ 12,000.00	
7	五月	¥ 123,000.00	¥ 136,400.00	¥ 145,000.00	¥ 31,000.00	¥ 24,600.00	¥ 34,000.00	
8	六月	¥ 94,000.00	¥ 100,600.00	¥ 96,500.00	¥ 54,000.00	¥ 57,900.00	¥ 54,600.00	
9	合计							
10	平均							

图 10-1　输入公式

第二步:观察数据区域是否正确,若不正确请重新输入数据区域或者修改公式中的数据区域。

第三步:单击编辑栏上的"输入"按钮[✓],H3 单元格显示对应结果。

第四步:H3 单元格结果出来之后,利用"填充句柄"拖动鼠标一直到 H8,可以将 H3 中的公式快速复制到 H4:H8 区域。此时,计算出"总计"一列对应各个单元格的计算结果。

(2) 使用自动求和

在“销售数据”工作表中,B9 单元格需要计算上半年冰箱的合计销售额,可用“自动求和”按钮来完成。操作步骤如下。

第一步:选择 B9 单元格。单击“开始”选项卡中的“编辑”组中的“自动求和”按钮 Σ自动求和 ,屏幕上出现求和函数 SUM 以及求和数据区域,如图 10-2 所示。

AVERAGE × ✓ fx =SUM(B3:B8)

	A	B	C	D	E	F	G	H
1	华康电器销售公司 2020年上半年产品销售表(单位:元)							
2		冰箱	电视机	洗衣机	影碟机	照相机	摄像机	总计
3	一月	¥ 83,500.00	¥ 84,000.00	¥ 73,500.00	¥ 76,000.00	¥ 74,200.00	¥ 88,000.00	¥ 479,200.00
4	二月	¥ 57,900.00	¥ 56,800.00	¥ 54,200.00	¥ 96,500.00	¥ 95,000.00	¥ 96,500.00	¥ 456,900.00
5	三月	¥ 35,600.00	¥ 34,200.00	¥ 36,200.00	¥ 116,000.00	¥ 114,400.00	¥ 100,300.00	¥ 436,700.00
6	四月	¥ 142,600.00	¥ 138,000.00	¥ 194,000.00	¥ 22,600.00	¥ 17,000.00	¥ 12,000.00	¥ 526,200.00
7	五月	¥ 123,000.00	¥ 136,400.00	¥ 145,000.00	¥ 31,000.00	¥ 24,600.00	¥ 34,000.00	¥ 494,000.00
8	六月	¥ 94,000.00	¥ 100,600.00	¥ 96,500.00	¥ 54,000.00	¥ 57,900.00	¥ 54,600.00	¥ 457,600.00
9	合计	=SUM(B3:B8)						
10	平均	SUM(number1, [number2], ...)						

图 10-2 自动求和

第二步:观察数据区域是否正确,若不正确请重新输入数据区域或者修改公式中的数据区域。

第三步:单击编辑栏上的“输入”按钮 ✓ ,B9 单元格显示对应结果。

第四步:B9 单元格结果出来之后,利用“填充句柄”拖动鼠标一直到 G9,可以将 B9 中的公式快速复制到 C9:G9 区域。此时,计算出“合计”一行对应各个单元格的计算结果。

(3) 使用函数

在“销售数据”工作表中,B10 单元格需要计算上半年冰箱的平均销售额,可用 AVERAGE 函数来完成。操作步骤如下。

第一步:选择 B10 单元格。

第二步:单击编辑栏左侧的“插入函数”按钮 fx ,弹出如图 10-3 所示的对话框,选择“AVERAGE”函数,弹出如图 10-4 所示的对话框,在“Number1”参数中输入“B3:B8”。

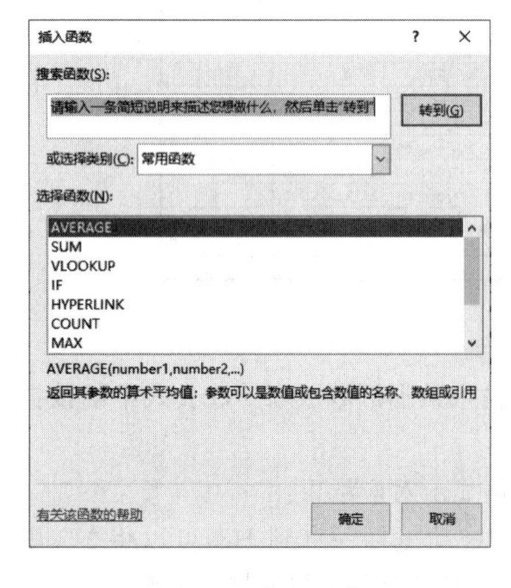

图 10-3 插入函数

函数参数 ? ×

AVERAGE

Number1 B3:B8 = {83500;57900;35600;142600;12300

Number2 = 数值

= 89433.33333

返回其参数的算术平均值;参数可以是数值或包含数值的名称、数组或引用

Number1: number1,number2,... 是用于计算平均值的 1 到 255 个数值参数

计算结果 = ¥ 89,433.33

有关该函数的帮助(H) 确定 取消

图 10-4 函数参数设置

第三步:单击“确定”按钮,B10 单元格显示对应结果。

第四步:B10 单元格结果出来之后,利用“填充句柄”拖动鼠标一直到 G10 可以将 B10 中的公式快速复制到 C10:G10 区域。此时,计算出“平均”一行对应各个单元格的计算结果。

华康电器销售公司 2020年上半年产品销售表(单位:元)							
	冰箱	电视机	洗衣机	影碟机	照相机	摄像机	总计
一月	¥ 83,500.00	¥ 84,000.00	¥ 73,500.00	¥ 76,000.00	¥ 74,200.00	¥ 88,000.00	¥479,200.00
二月	¥ 57,900.00	¥ 56,800.00	¥ 54,200.00	¥ 96,500.00	¥ 95,000.00	¥ 96,500.00	¥456,900.00
三月	¥ 35,600.00	¥ 34,200.00	¥ 36,200.00	¥116,000.00	¥114,400.00	¥100,300.00	¥436,700.00
四月	¥142,600.00	¥138,000.00	¥194,000.00	¥ 22,600.00	¥ 17,000.00	¥ 12,000.00	¥526,200.00
五月	¥123,000.00	¥136,400.00	¥145,000.00	¥ 31,000.00	¥ 24,600.00	¥ 34,000.00	¥494,000.00
六月	¥ 94,000.00	¥100,600.00	¥ 96,500.00	¥ 54,000.00	¥ 57,900.00	¥ 54,600.00	¥457,600.00
合计	¥536,600.00	¥550,000.00	¥599,400.00	¥396,100.00	¥383,100.00	¥385,400.00	
平均	¥ 89,433.33	¥ 91,666.67	¥ 99,900.00	¥ 66,016.67	¥ 63,850.00	¥ 64,233.33	

图 10-5 最终效果图

(4) 函数应用实例

第一步:打开“D:\学号姓名\Excel 实验\期末成绩统计.xlsx”文件,对表中数据按照表 10-1 所示的函数进行计算。

表 10-1 期末成绩统计函数应用

<table>
<tr><td colspan="2">总分</td><td>=SUM(C3:E3)</td></tr>
<tr><td colspan="2">平均分(G 列)</td><td>=AVERAGE(C3:E3),保留 1 位小数</td></tr>
<tr><td colspan="2">名次</td><td>=RANK(F3,$F$3:$F$12,0)</td></tr>
<tr><td colspan="2">总评</td><td>=IF(G3>=90,"优秀",IF(G3>=75,"良好",
IF(G3>=60,"及格","不合格")))</td></tr>
<tr><td colspan="2">最高分</td><td>=MAX(C3:C12)</td></tr>
<tr><td colspan="2">平均分(第 14 行)</td><td>=AVERAGE(C3:C12),保留 1 位小数</td></tr>
<tr><td rowspan="5">分数段</td><td>0-59</td><td>=COUNTIFS(C3:C12,">=0",C3:C12,"<=59")</td></tr>
<tr><td>60-69</td><td>=COUNTIFS(C3:C12,">=60",C3:C12,"<=69")</td></tr>
<tr><td>70-79</td><td>=COUNTIFS(C3:C12,">=70",C3:C12,"<=79")</td></tr>
<tr><td>80-89</td><td>=COUNTIFS(C3:C12,">=80",C3:C12,"<=89")</td></tr>
<tr><td>90-100</td><td>=COUNTIFS(C3:C12,">=90",C3:C12,"<=100")</td></tr>
</table>

第二步:对其他数据利用公式复制填充,其最终效果如图 10-6 所示。

2. 图表操作

(1) 创建柱状图表

第一步:打开“D:\学号姓名\Excel 实验\期末成绩统计.xlsx”文件,在“Sheet1”表中选择单元格 B2:E12,单击“插入”选项卡中的“图表”组中右下角的对话框启动器,打开如图 10-7 所示的对话框,选择“所有图表”选项卡。

	A	B	C	D	E	F	G	H	I
1	期末成绩统计表								
2	学号	姓名	数学	英语	计算机	总分	平均分	名次	总评等级
3	10401	李小明	90	85	91	266	88.7	2	良好
4	10402	张大为	85	87	92	264	88.0	3	良好
5	10403	汪平卫	76	81	70	227	75.7	7	良好
6	10404	郭晓华	87	80	81	248	82.7	4	良好
7	10405	陈月华	69	75	80	224	74.7	8	及格
8	10406	刘洋	72	50	88	210	70.0	10	及格
9	10407	胡俊	64	82	96	242	80.7	6	良好
10	10408	李佳	68	60	89	217	72.3	9	及格
11	10409	田奇	79	100	99	278	92.7	1	优秀
12	10410	姚明	77	66	100	243	81.0	5	良好
13	最高分		90	100	100	278	92.7		
14	平均分		76.7	76.6	88.6	241.9	80.6		
15	分数段人数	0-59	0	1	0				
16		60-69	3	2	0				
17		70-79	4	1	1				
18		80-89	2	5	4				
19		90-100	1	1	5				

图 10-6　期末成绩统计数据填充

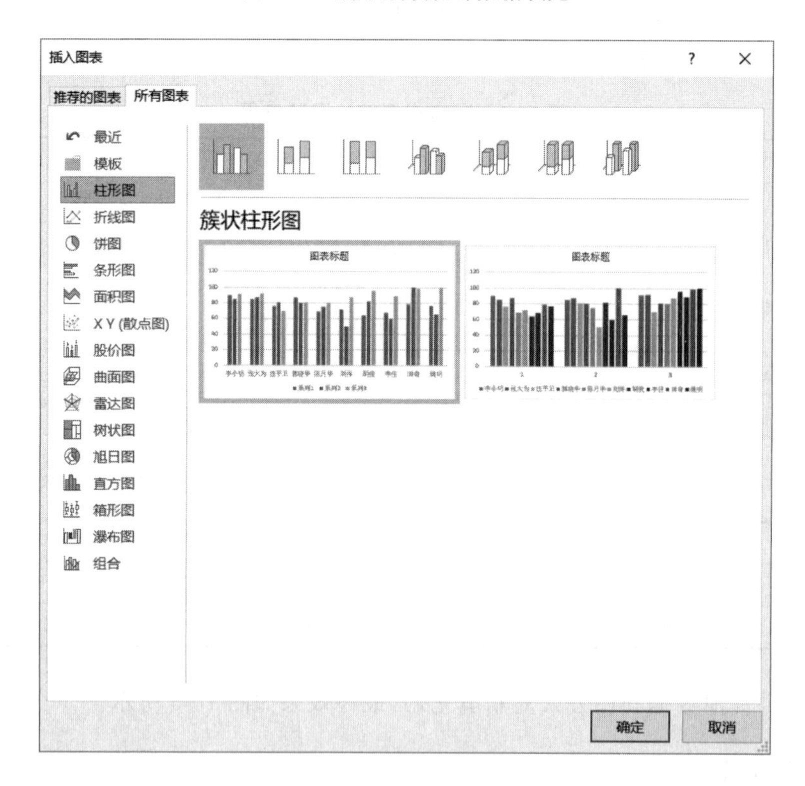

图 10-7　插入图表

第二步：选择“簇状柱状图”，单击“确定”按钮，在表中会插入如图 10-8 所示的图表。

第三步：在图表中右击，快捷菜单中选择“选择数据”命令 选择数据(E)... ，打开如图 10-9 所示的选择数据源对话框，可以修改图表的数据。

第四步：在“图表工具”选项卡中单击“设计”，选择“图表布局”组中的“添加图表元素”，

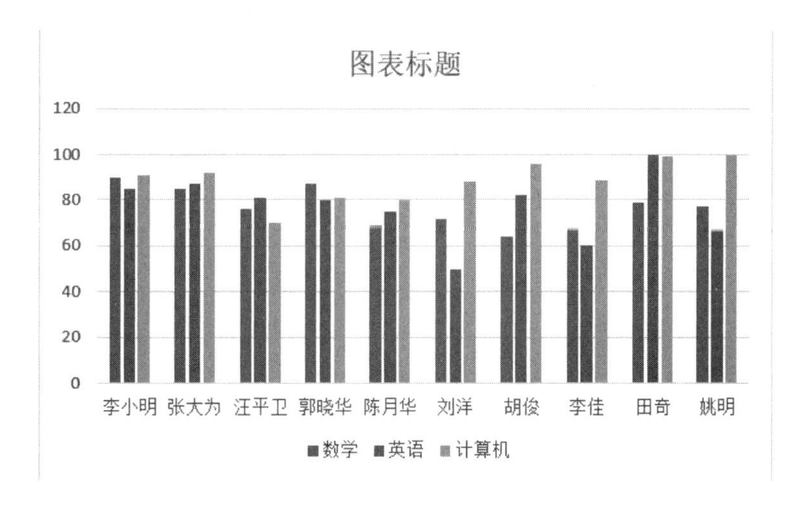

图 10-8　簇状柱状图

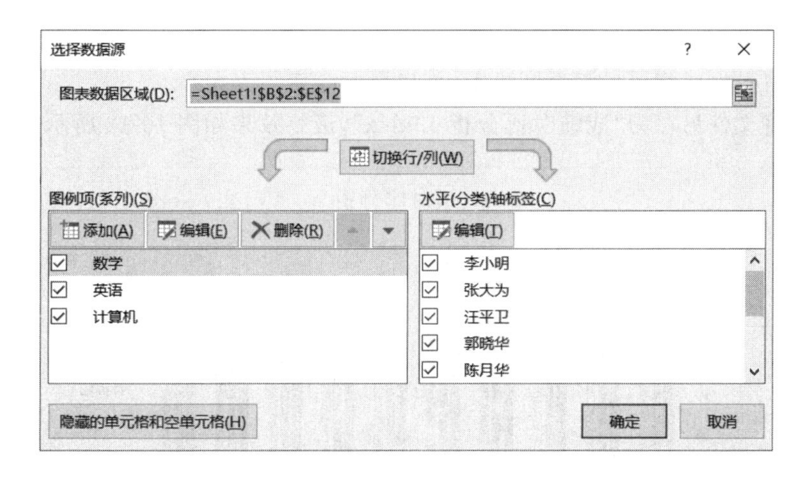

图 10-9　选择数据源

如图 10-10 所示，可以修改图表的组成部分等。选择“图表标题”，填入“成绩对比分析”，选择“轴标题”的“主要横坐标轴标题”栏填入“姓名”，在“主要纵坐标轴标题”填入“成绩”。

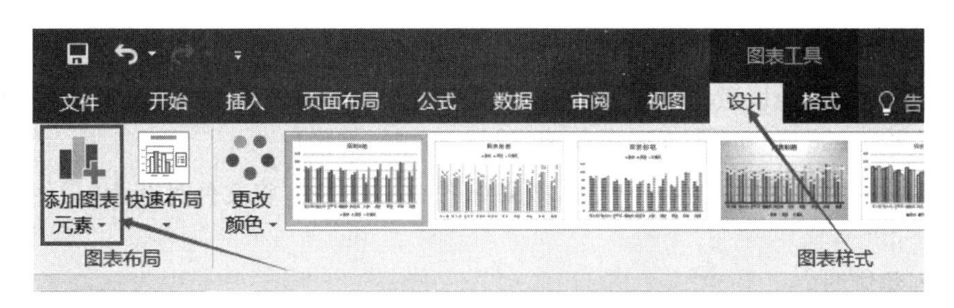

图 10-10　图表工具之设计选项卡

此时，再次选择“轴标题”的“更多轴标题选项(M)…”命令，打开设置坐标轴标题格式对话框，选择“文本选项”对文字方向进行适当调整，如图 10-11 所示。

将选择“图例”中的“右侧”，将图例移动到图标右侧显示。

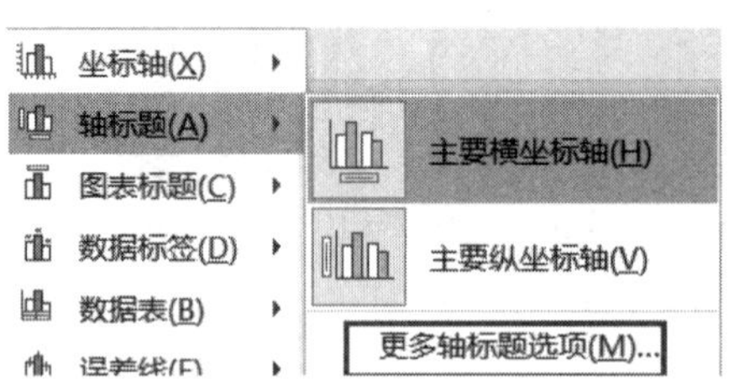

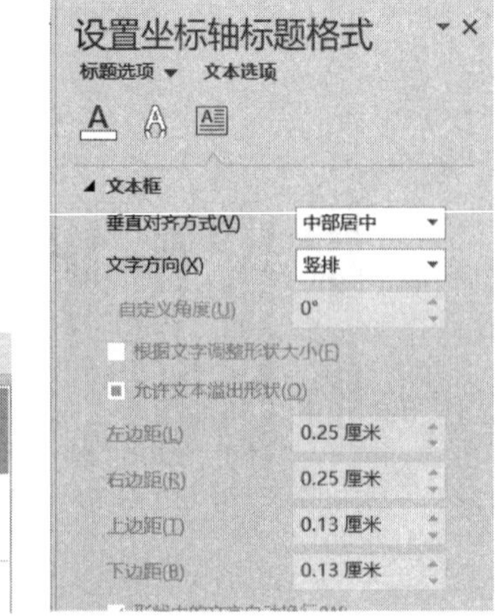

图 10-11　设置坐标轴标题格式

第五步：单击图表空白处，即选定了图表。此时，图表边框上有 8 个小圆点，拖曳鼠标移动图表至适当位置；或将鼠标移至圆点上，拖曳鼠标改变图表大小。

第六步：将文件另存为“成绩对比分析 1. xlsx”，最终效果如图 10-12 所示。

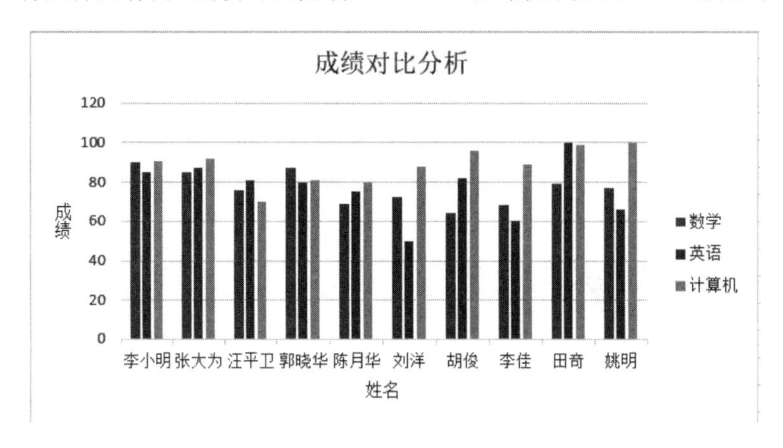

图 10-12　成绩对比分析 1

(2) 修改图表类型

第一步：单击图表以激活图表编辑，在“图表工具”选项卡中单击“设计”，选择“类型”组中的“更改图表类型”按钮，在弹出如图 10-13 所示的对话框。

第二步：选择“折线图”的第一个图，效果如图 10-14 所示，将文件另存为“成绩对比分析 2. xlsx”。

(3) 创建饼图

第一步：“D:\学号姓名\Excel 实验\期末成绩统计. xlsx”文件，选择单元格 B15:C19，单击“插入”选项卡中的“图表”组中“插入饼图或圆环图”按钮，选择“二维饼图”中的第一个，如图 10-15 所示。单击饼图，在“图表工具”选项卡中单击“设计”，“图表布局”组中的“快速布局”按钮，选择布局 6，如图 10-16 所示。

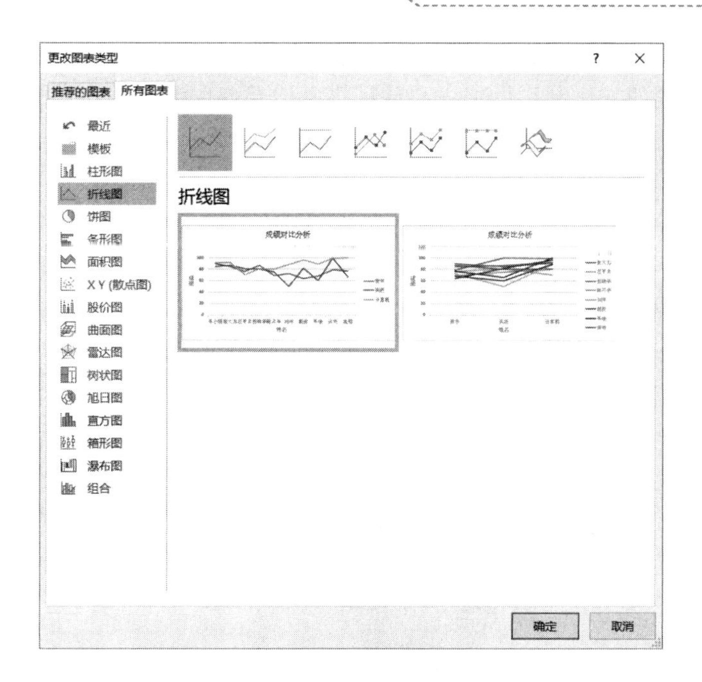

图 10-13 更改图表类型

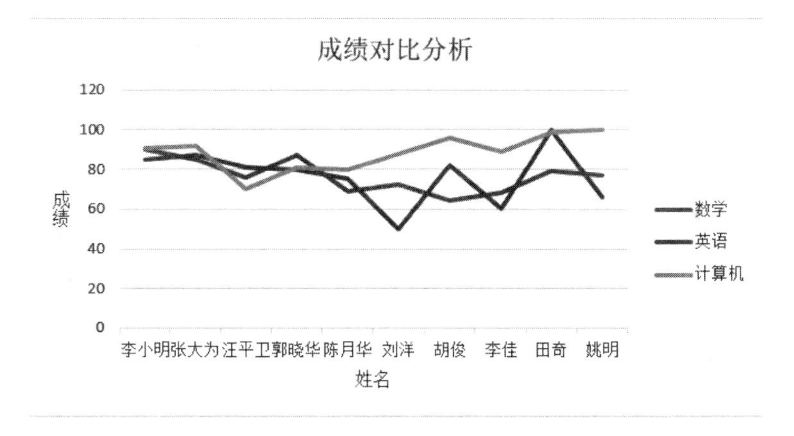

图 10-14 成绩对比分析 2

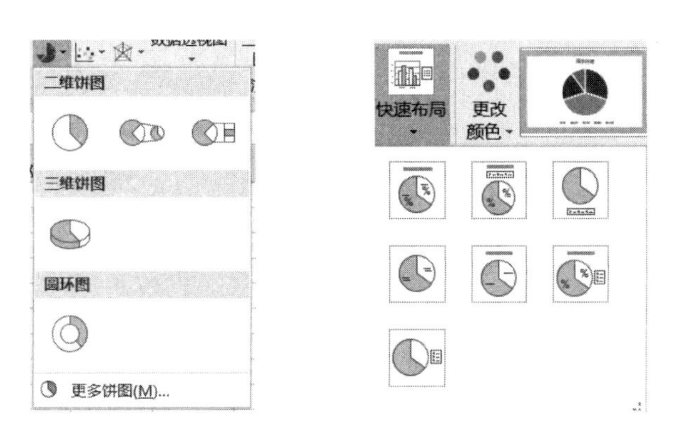

图 10-15 插入饼图或圆环图

图 10-16 快速布局

第二步：在饼图中修改图表标题为“数学成绩分析表”，最终效果如图 10-17 所示。

第三步：用相同的方法制作出英语和计算机两门课程成绩的饼状分析图，将文件另存为“成绩对比分析 3. xlsx”。

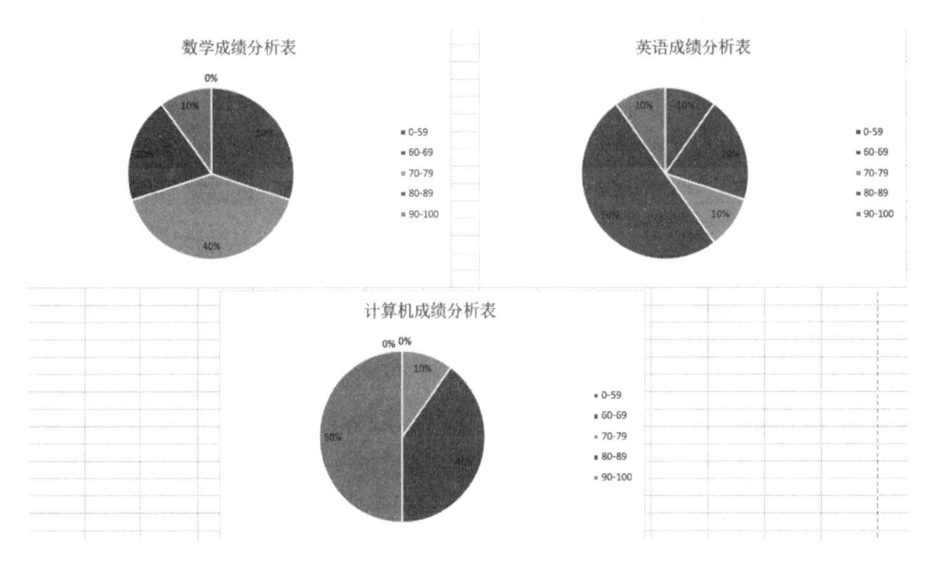

图 10-17　成绩对比分析 3

3. 数据分析

打开“D:\学号姓名\Excel 实验\员工薪水表. xlsx”文件，如图 10-18 所示。

	A	B	C	D	E	F	G	H
1	序号	姓名	部门	分公司	工作时间	工作时数	小时报酬	薪水
2	1	杜永宁	软件部	南京	86-12-24	160	36	5760
3	2	王传华	销售部	西京	85-7-5	140	28	3920
4	3	殷　泳	培训部	西京	90-7-26	140	21	2940
5	4	杨柳青	软件部	南京	88-6-7	160	34	5440
6	5	段　楠	软件部	北京	83-7-12	140	31	4340
7	6	刘朝阳	销售部	西京	87-6-5	140	23	3220
8	7	王　雷	培训部	南京	89-2-26	140	28	3920
9	8	褚彤彤	软件部	南京	83-4-15	160	42	6720
10	9	陈勇强	销售部	北京	90-2-1	140	28	3920
11	10	朱小梅	培训部	西京	90-12-30	140	21	2940
12	11	于　洋	销售部	西京	84-8-8	140	23	3220
13	12	赵玲玲	软件部	西京	90-4-5	160	25	4000
14	13	冯　刚	软件部	南京	85-1-25	160	45	7200
15	14	郑　丽	软件部	北京	88-5-12	160	30	4800
16	15	孟晓姗	软件部	西京	87-6-10	160	28	4480
17	16	杨子健	销售部	南京	86-10-11	140	41	5740
18	17	廖　东	培训部	东京	85-5-7	140	21	2940
19	18	臧天歆	销售部	东京	87-12-19	140	20	2800
20	19	施　敏	软件部	南京	87-6-23	160	39	6240
21	20	明章静	软件部	北京	86-7-21	160	33	5280

图 10-18　员工薪水表样张

(1) 排序

要求：对部门(升序)和薪水(降序)排列。

操作步骤如下：

① 打开“D:\学号姓名\Excel 实验\员工薪水表.xlsx”文件，选取“Sheet1”表中数据区域的任意单元格，单击“数据”选项卡中“排序和筛选”组中的“排序”按钮，设置对部门升序，单击“添加条件”按钮设置对薪水降序，如图 10-19 所示。

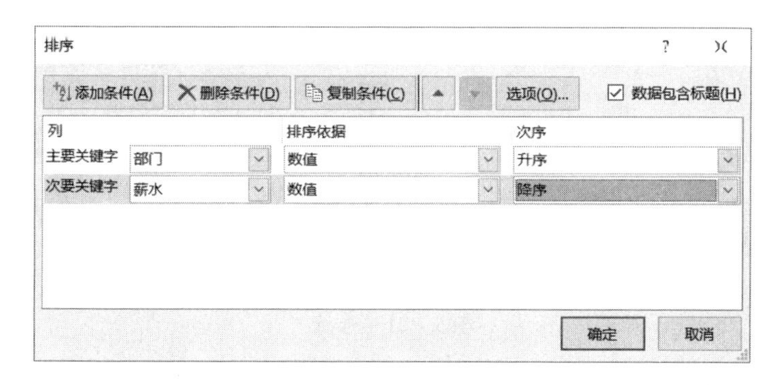

图 10-19　排序

② 单击“确定”后，系统自动按照设置好的条件进行排序，排序后的效果如图 10-20 所示，将文件另存为“员工薪水表 1.xlsx”。

	A	B	C	D	E	F	G	H
1	序号	姓名	部门	分公司	工作时间	工作时数	小时报酬	薪水
2	7	王　雷	培训部	南京	89-2-26	140	28	3920
3	3	殷　泳	培训部	西京	90-7-26	140	21	2940
4	10	朱小梅	培训部	西京	90-12-30	140	21	2940
5	17	廖　东	培训部	东京	85-5-7	140	21	2940
6	13	冯　刚	软件部	南京	85-1-25	160	45	7200
7	8	楮彤彤	软件部	南京	83-4-15	160	42	6720
8	19	施　敏	软件部	南京	87-6-23	160	39	6240
9	1	杜永宁	软件部	南京	86-12-24	160	36	5760
10	4	杨柳青	软件部	南京	88-6-7	160	34	5440
11	20	明章静	软件部	北京	86-7-21	160	33	5280
12	14	郑　丽	软件部	北京	88-5-12	160	30	4800
13	15	孟晓姗	软件部	西京	87-6-10	160	28	4480
14	5	段　楠	软件部	北京	83-7-12	140	31	4340
15	12	赵玲玲	软件部	西京	90-4-5	160	25	4000
16	16	杨子健	销售部	南京	86-10-11	140	41	5740
17	2	王传华	销售部	西京	85-7-5	140	28	3920
18	9	陈勇强	销售部	北京	90-2-1	140	28	3920
19	6	刘朝阳	销售部	西京	87-6-5	140	23	3220
20	11	于　洋	销售部	西京	84-8-8	140	23	3220
21	18	臧天歆	销售部	东京	87-12-19	140	20	2800

图 10-20　排序后效果

（2）筛选

要求：筛选出在北京分公司软件部工作薪水高于 5 000 元的员工。

操作步骤如下：

① 打开“D:\学号姓名\Excel 实验\员工薪水表.xlsx”文件，选取“Sheet1”表中数据区域的任意单元格，单击“数据”选项卡中“排序和筛选”组中的“筛选”按钮。

② 单击“部门”下拉组合框，勾选“软件部”，单击“分公司”下拉组合框，勾选“北京”，单

击“薪水”下拉组合框，选择“数字筛选”中“自定义筛选”命令，在自定义自动筛选对话框中选择“大于或等于”并输入“5000”，如图 10-21 所示。

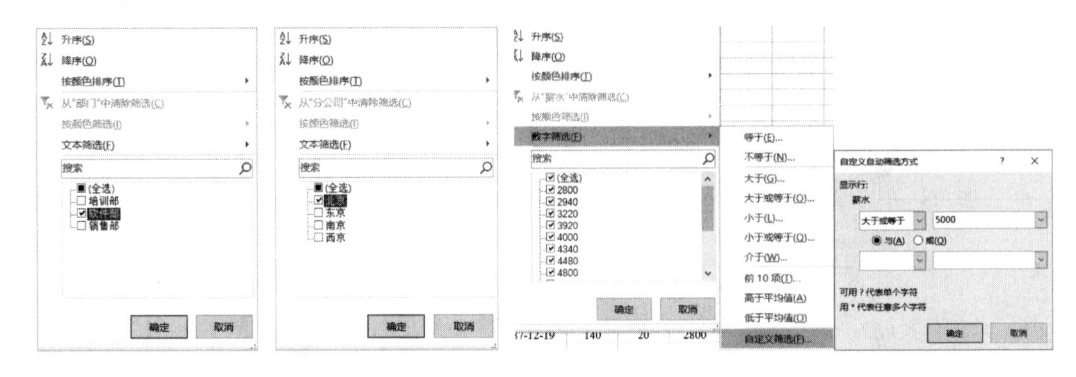

图 10-21　筛选

③ 单击“确定”后，系统自动按照设置好的条件进行筛选，筛选后效果如图 10-22 所示，将文件另存为“员工薪水表 2. xlsx”。

	A	B	C	D	E	F	G	H
1	序号	姓名	部门	分公司	工作时间	工作时	小时报	薪水
11	20	明章静	软件部	北京	86-7-21	160	33	5280

图 10-22　筛选后效果

(3) 分类汇总

要求：按照部门分类汇总，计算工作时数和薪水的平均值。

操作步骤如下：

① 打开“D:\学号姓名\Excel 实验\员工薪水表. xlsx”文件，选取“Sheet1”表中数据区域的任意单元格，单击“数据”选项卡中“排序和筛选”组中的“升序”按钮，设置部门按照升序排序。

② 单击“数据”选项卡中“分级显示”组中的“分类汇总”按钮，打开分类汇总对话框，如图 10-23 所示。设置“分类字段”为“部门”，“汇总方式”为“平均值”，在“选定汇总项”中勾选“工作时数”和“薪水”；然后勾选“替换当前分类汇总”和“汇总结果显示在数据下方”。

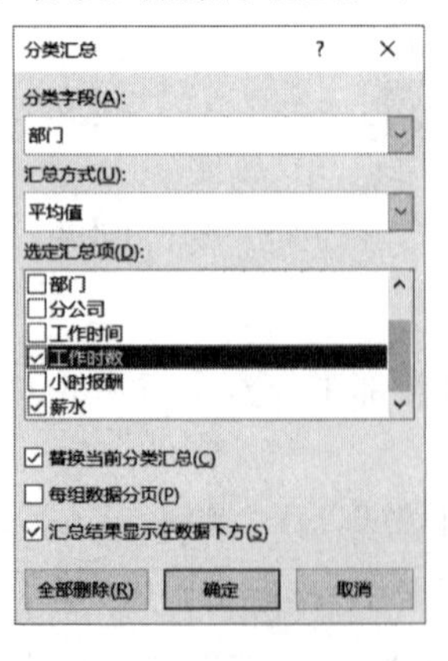

图 10-23　分类汇总

③ 单击“确定”按钮后，系统自动按照部门分类汇总，计算工作时数和薪水的平均值，分类汇总后的效果如图 10-24 所示，将文件另存为“员工薪水表 3. xlsx”。

	A	B	C	D	E	F	G	H
1	序号	姓名	部门	分公司	工作时间	工作时数	小时报酬	薪水
2	7	王　雷	培训部	南京	89-2-26	140	28	3920
3	3	殷　泳	培训部	西京	90-7-26	140	21	2940
4	10	朱小梅	培训部	西京	90-12-30	140	21	2940
5	17	廖　东	培训部	东京	85-5-7	140	21	2940
6			培训部 平均值			140		3185
7	13	冯　刚	软件部	南京	85-1-25	160	45	7200
8	8	楮彤彤	软件部	南京	83-4-15	160	42	6720
9	19	施　敏	软件部	南京	87-6-23	160	39	6240
10	1	杜永宁	软件部	南京	86-12-24	160	36	5760
11	4	杨柳青	软件部	南京	88-6-7	160	34	5440
12	20	明章静	软件部	北京	86-7-21	160	33	5280
13	14	郑　丽	软件部	北京	88-5-12	160	30	4800
14	15	孟晓姗	软件部	西京	87-6-10	160	28	4480
15	5	段　楠	软件部	北京	83-7-12	140	31	4340
16	12	赵玲玲	软件部	西京	90-4-5	160	25	4000
17			软件部 平均值			158		5426
18	16	杨子健	销售部	南京	86-10-11	140	41	5740
19	2	王传华	销售部	西京	85-7-5	140	28	3920
20	9	陈勇强	销售部	北京	90-2-1	140	28	3920
21	6	刘朝阳	销售部	西京	87-6-5	140	23	3220
22	11	于　洋	销售部	西京	84-8-8	140	23	3220
23	18	臧天歆	销售部	东京	87-12-19	140	20	2800
24			销售部 平均值			140		3803.333
25			总计平均值			149		4491

图 10-24　分类汇总后效果

(4) 数据透视表

要求：利用数据透视表功能，计算各部门各分公司的员工薪水总额。

操作步骤如下：

① 打开“D:\学号姓名\Excel 实验\员工薪水表. xlsx”文件，选取“Sheet1”表中数据区域的任意单元格，单击“插入”选项卡中“表格”组的“数据透视表”按钮，打开创建数据透视表对话框，如图 10-25 所示，单击“确定”按钮后，出现数据透视表字段列表对话框，如图 10-26 所示。

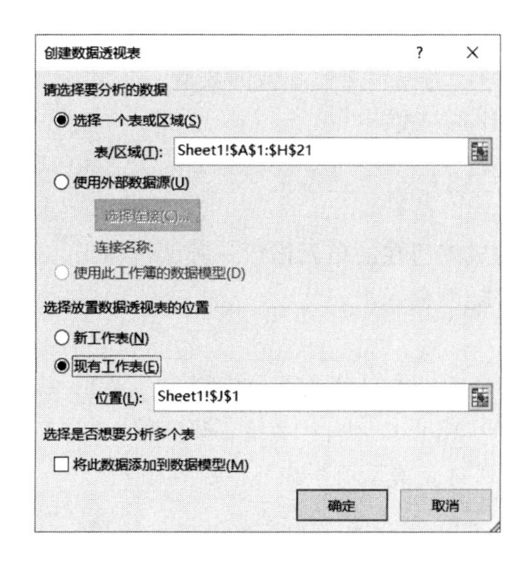

图 10-25　创建数据透视表

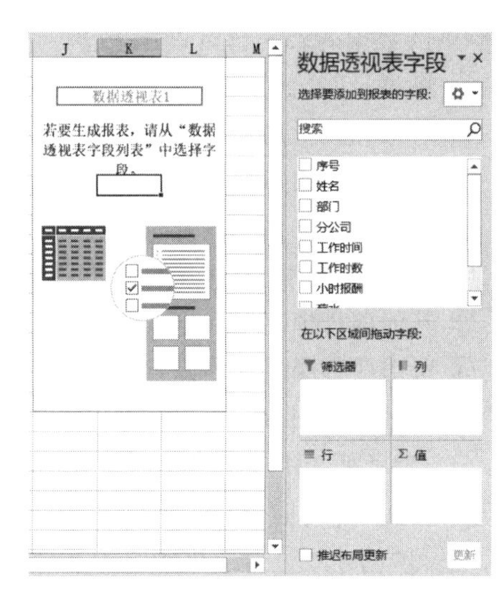

图 10-26　数据透视表字段列表

将“部门”拖到“行”处，将“分公司”拖到“列”处，将“薪水”拖到“值”处。计算各部门各分公司的员工薪水总额，计算结果如图 10-27 所示，将文件另存为“员工薪水表 4. xlsx”。

图 10-27　数据透视表计算后效果

10.3　实验作业

请根据下列要求对成绩单进行整理和分析。

(1) 打开“D:\学号姓名\Excel 实验\学生成绩单. xlsx”文件，对工作表“第一学期期末成绩”中的数据列表进行格式化操作。

① 将第 1 列“学号”列设为文本，将所有成绩列设为保留 2 位小数的数值。

② 适当加大行高列宽，改变字体、字号，设置对齐方式。

③ 增加适当的边框和底纹以使工作表更加美观。

(2) 利用“条件格式”功能进行下列设置。

① 将语文、数学、英语三科中不低于 110 分的成绩所在的单元格以一种颜色标出。

② 其他四科中高于 95 分的成绩以另一种字体、颜色标出。

③ 所用颜色深浅以不遮挡数据为宜。

(3) 利用 SUM 和 AVERAGE 函数计算每一个学生的总分及平均成绩。

(4) 学号第 3、4 位代表学生所在的班级，例如："120105"代表 12 级 1 班 5 号。

请通过函数提取每个学生所在的班级并按下列对应关系填写在"班级"列中：

“学号”的 3、4 位对应班级

01　1 班

02　2班

03　3班

（5）复制工作表“第一学期期末成绩”，将副本放置到原表之后，改变该副本表标签的颜色并重新命名，新表名须包含“分类汇总”字样。

（6）通过分类汇总功能求出每个班各科的平均成绩，并将每组结果分页显示。

（7）以分类汇总结果为基础，创建一个簇状柱形图，对每个班各科平均成绩进行比较，并将该图表放置在一个名为“柱状分析图”新工作表中。

实验11　中国和美国历年GDP总量数据比较

11.1　实验目的

（1）通过本实验的练习，掌握获取外部数据的方法。

（2）熟练掌握工作表中数据格式化的方法，使其更加美观，便于浏览。

（3）熟练掌握数据分析的方法，根据需要进行数据分析，并对数据进行图表化表示，使数据更加直观，便于分析。

11.2　实验内容

将网络上关于中国和美国GDP总量的数据导入Excel工作表中，利用Excel数据分析功能，对数据进行分析，对比我国与美国的GDP数据，了解我国的经济发展状况，增强爱国意识，增加学习动力。

1. 获取网络数据

打开“D:\学号姓名\Excel实验\”文件夹，新建一个Excel工作簿文件，命名为“中国和美国GDP总量对比.xlsx”。

打开文件“中国和美国GDP总量对比.xlsx”，将网络上有关数据导入该文件的工作表中。例题中数据为中国和美国1960～2020年GDP总量及占世界GDP总量的百分比①。

单击“数据”主菜单下最左侧“获取和转换数据”中的“自网站”按钮，如图11-1所示。在弹出的对话框中，复制网站链接，单击“确定”，如图11-2所示。

图11-1　获取“自网站”数据

① 数据来源：快易理财网.中国、美国历年GDP数据比较[R/OL].(https://www.kylc.com/stats/global/yearly_per_country/g_gdp/chn-usa.html)[2021-11-13].

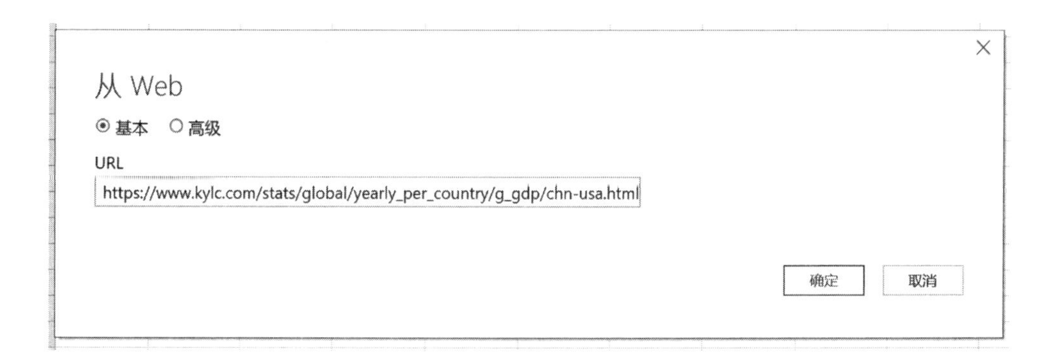

图 11-2　输入网站链接

在打开的“导航器”窗口中选择“Table 0”，然后单击“加载”按钮，如图 11-3 所示。

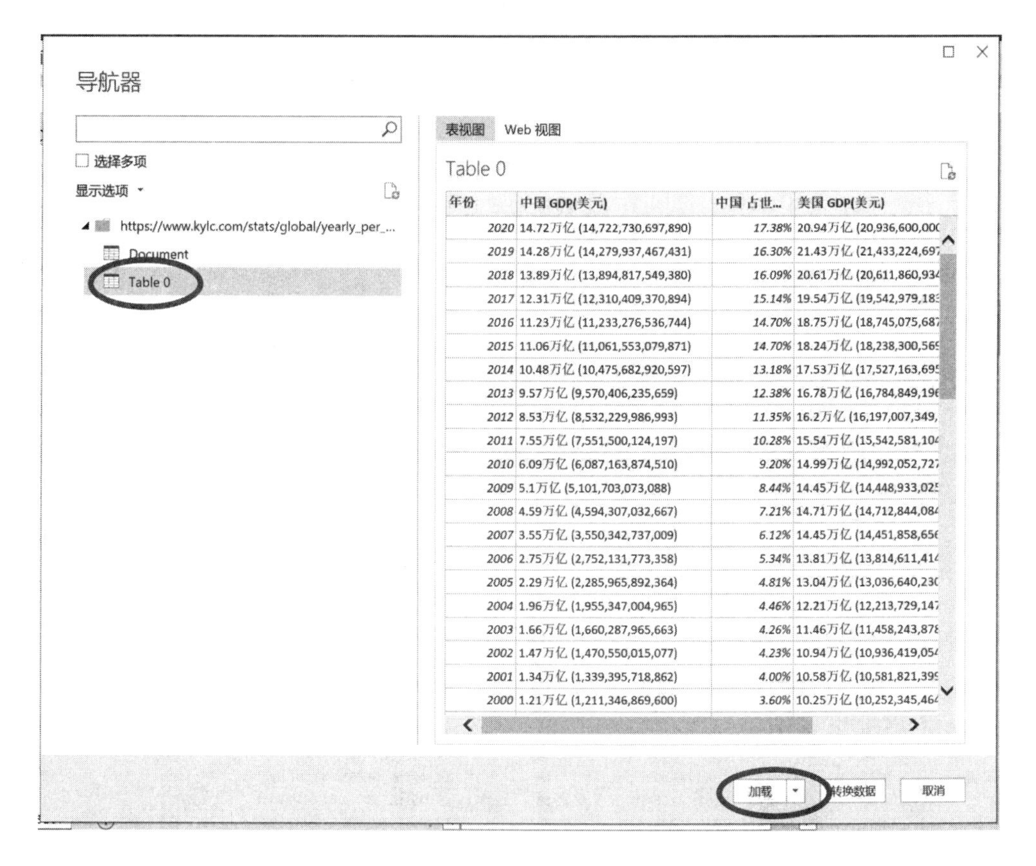

图 11-3　选择要获取的工作表

在上面对话框中单击“加载”后，数据即被加载到 Excel 工作表中，如图 11-4 所示。

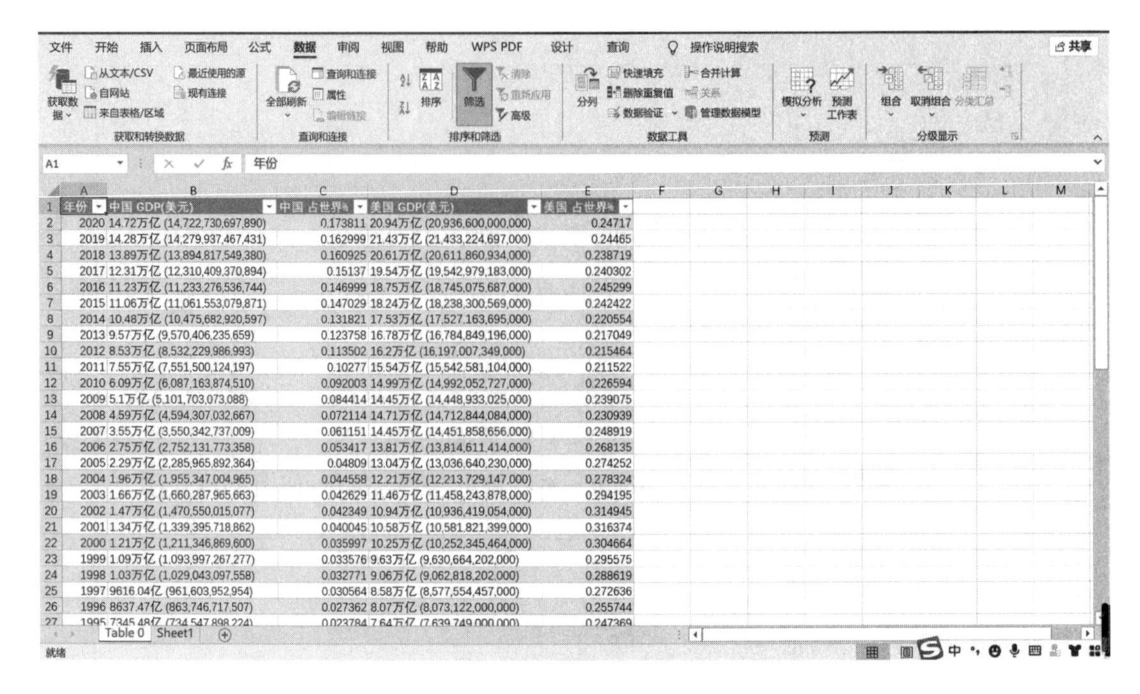

年份	中国 GDP(美元)	中国 占世界%	美国 GDP(美元)	美国 占世界%
2020	14.72万亿 (14,722,730,697,890)	0.173811	20.94万亿 (20,936,600,000,000)	0.24717
2019	14.28万亿 (14,279,937,467,431)	0.162999	21.43万亿 (21,433,224,697,000)	0.24465
2018	13.89万亿 (13,894,817,549,380)	0.160925	20.61万亿 (20,611,860,934,000)	0.238719
2017	12.31万亿 (12,310,409,370,894)	0.15137	19.54万亿 (19,542,979,183,000)	0.240302
2016	11.23万亿 (11,233,276,536,744)	0.146999	18.75万亿 (18,745,075,687,000)	0.245299
2015	11.06万亿 (11,061,553,079,871)	0.147029	18.24万亿 (18,238,300,569,000)	0.242422
2014	10.48万亿 (10,475,682,920,597)	0.131821	17.53万亿 (17,527,163,695,000)	0.220554
2013	9.57万亿 (9,570,406,235,659)	0.123758	16.78万亿 (16,784,849,196,000)	0.217049
2012	8.53万亿 (8,532,229,986,993)	0.113502	16.2万亿 (16,197,007,349,000)	0.215464
2011	7.55万亿 (7,551,500,124,197)	0.10277	15.54万亿 (15,542,581,104,000)	0.211522
2010	6.09万亿 (6,087,163,874,510)	0.092003	14.99万亿 (14,992,052,727,000)	0.226594
2009	5.1万亿 (5,101,703,073,088)	0.084414	14.45万亿 (14,448,933,025,000)	0.239075
2008	4.59万亿 (4,594,307,032,667)	0.072114	14.71万亿 (14,712,844,084,000)	0.230939
2007	3.55万亿 (3,550,342,737,009)	0.061151	14.45万亿 (14,451,858,656,000)	0.248919
2006	2.75万亿 (2,752,131,773,358)	0.053417	13.81万亿 (13,814,611,414,000)	0.268135
2005	2.29万亿 (2,285,965,892,364)	0.04809	13.04万亿 (13,036,640,230,000)	0.274252
2004	1.96万亿 (1,955,347,004,965)	0.044558	12.21万亿 (12,213,729,147,000)	0.278324
2003	1.66万亿 (1,660,287,965,663)	0.042629	11.46万亿 (11,458,243,878,000)	0.294195
2002	1.47万亿 (1,470,550,015,077)	0.042349	10.94万亿 (10,936,419,054,000)	0.314945
2001	1.34万亿 (1,339,395,718,862)	0.040045	10.58万亿 (10,581,821,399,000)	0.316374
2000	1.21万亿 (1,211,346,869,600)	0.035997	10.25万亿 (10,252,345,464,000)	0.304664
1999	1.09万亿 (1,093,997,267,277)	0.033576	9.63万亿 (9,630,664,202,000)	0.295575
1998	1.03万亿 (1,029,043,097,558)	0.032771	9.06万亿 (9,062,818,202,000)	0.288619
1997	9616.04亿 (961,603,952,954)	0.030564	8.58万亿 (8,577,554,457,000)	0.272636
1996	8637.47亿 (863,746,717,507)	0.027362	8.07万亿 (8,073,122,000,000)	0.255744
1995	7345.48亿 (734,547,898,224)	0.023784	7.64万亿 (7,639,749,000,000)	0.247369

图 11-4　数据加载到工作表中

2. 格式化工作表

使用前面讲解过的工作表的格式化功能，格式化 Table 0 中的数据，使其更加美观易读，如图 11-5 所示。

年份	中国 GDP(美元)	中国 占世界%	美国 GDP(美元)	美国 占世界%
2020	14.72万亿 (14,722,730,697,890)	17%	20.94万亿 (20,936,600,000,000)	25%
2019	14.28万亿 (14,279,937,467,431)	16%	21.43万亿 (21,433,224,697,000)	24%
2018	13.89万亿 (13,894,817,549,380)	16%	20.61万亿 (20,611,860,934,000)	24%
2017	12.31万亿 (12,310,409,370,894)	15%	19.54万亿 (19,542,979,183,000)	24%
2016	11.23万亿 (11,233,276,536,744)	15%	18.75万亿 (18,745,075,687,000)	25%
2015	11.06万亿 (11,061,553,079,871)	15%	18.24万亿 (18,238,300,569,000)	24%
2014	10.48万亿 (10,475,682,920,597)	13%	17.53万亿 (17,527,163,695,000)	22%
2013	9.57万亿 (9,570,406,235,659)	12%	16.78万亿 (16,784,849,196,000)	22%
2012	8.53万亿 (8,532,229,986,993)	11%	16.2万亿 (16,197,007,349,000)	22%
2011	7.55万亿 (7,551,500,124,197)	10%	15.54万亿 (15,542,581,104,000)	21%
2010	6.09万亿 (6,087,163,874,510)	9%	14.99万亿 (14,992,052,727,000)	23%
2009	5.1万亿 (5,101,703,073,088)	8%	14.45万亿 (14,448,933,025,000)	24%
2008	4.59万亿 (4,594,307,032,667)	7%	14.71万亿 (14,712,844,084,000)	23%
2007	3.55万亿 (3,550,342,737,009)	6%	14.45万亿 (14,451,858,656,000)	25%
2006	2.75万亿 (2,752,131,773,358)	5%	13.81万亿 (13,814,611,414,000)	27%
2005	2.29万亿 (2,285,965,892,364)	5%	13.04万亿 (13,036,640,230,000)	27%
2004	1.96万亿 (1,955,347,004,965)	4%	12.21万亿 (12,213,729,147,000)	28%
2003	1.66万亿 (1,660,287,965,663)	4%	11.46万亿 (11,458,243,878,000)	29%
2002	1.47万亿 (1,470,550,015,077)	4%	10.94万亿 (10,936,419,054,000)	31%
2001	1.34万亿 (1,339,395,718,862)	4%	10.58万亿 (10,581,821,399,000)	32%
2000	1.21万亿 (1,211,346,869,600)	4%	10.25万亿 (10,252,345,464,000)	30%
1999	1.09万亿 (1,093,997,267,277)	3%	9.63万亿 (9,630,664,202,000)	30%
1998	1.03万亿 (1,029,043,097,558)	3%	9.06万亿 (9,062,818,202,000)	29%

图 11-5　经过格式化后的工作表数据

3. 分析数据

对比中国和美国GDP总量的数据变化，了解我国1960—2020年的经济发展。

对数据表按“年份”升序进行排序，选择“年份”“中国GDP占世界%”“美国GDP占世界%”三列数据做折线图，如图11-6所示。

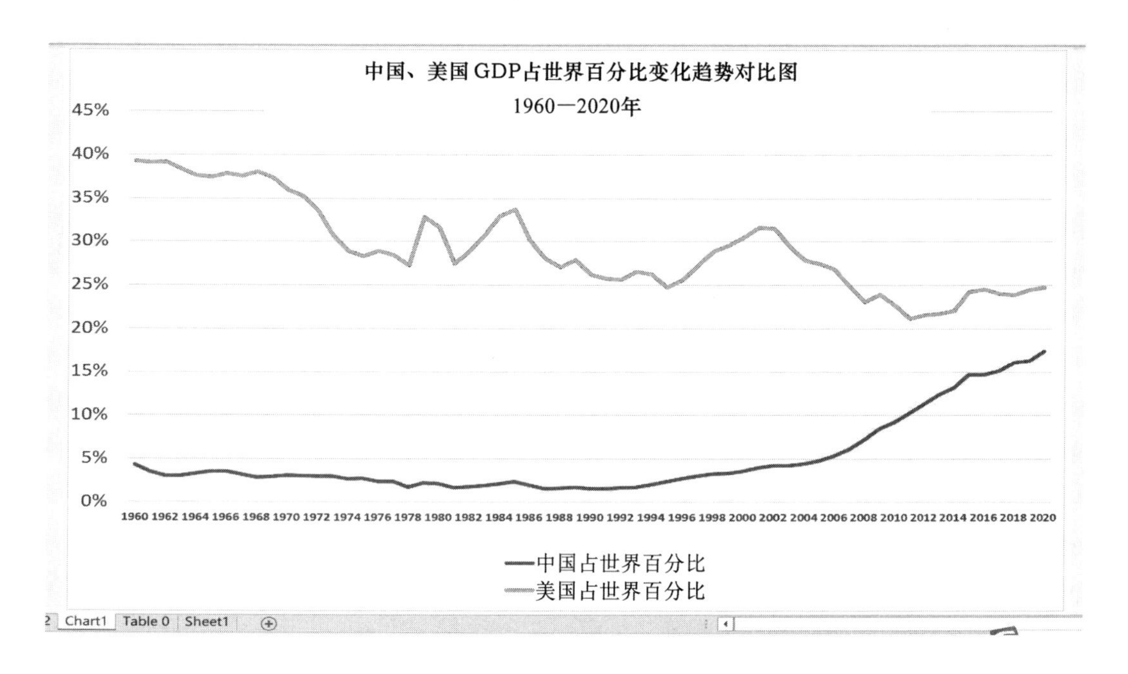

图11-6 中国、美国GDP占世界百分比变化趋势

根据折线图，观察我国GDP总量占世界百分比的变化，以及与世界强国美国之间的差距变化。图中非常直观地呈现了我国GDP总量1960—2020年在世界GDP中的占比变化。

4. 感悟

曾经的中国经济实力较弱。1960年，中国的GDP总量占世界GDP总量的4%，而美国的GDP总量占世界GDP总量的39%，中国GDP大约是美国的十分之一。中国虽然拥有广阔的领土和大量人口，但在经济方面只能算小国。经过长达几十年的高速发展，2020年，中国已经成为全球经济总量第二的国家，仅次于美国的经济超级强国了。2020年，美国的GDP总量为20.94万亿美元，中国的GDP总量为14.72万亿美元，中国的GDP总量已经达到了美国的70%。2020年，中国的GDP总量已经超越了除美国外的其他所有国家，而且中国的经济还在快速发展，美国经济却有停滞甚至退步的趋势，这意味着或许不久后中国就可以在经济方面正式超越美国，成为全球经济实力最强大的国家。

作为青年学生、建设祖国的主力军，我们要认真学习，努力磨炼个人技能，积极把握机遇，沉着应对挑战，使中国在激烈的国力竞争中立于不败之地。

11.3 实验作业

参照上面练习，从网络上获取中国和日本 GDP 总量的对比数据，并对获取数据进行格式化处理，然后分析数据、做图表。对比中国和日本两国 1980—2020 年 GDP 总量的变化，进一步了解我国近 40 年的经济发展变化，增加爱国热情，增强凝聚力，增进积极学习的动力。

实验 12　PowerPoint 2019

12.1　实验目的

（1）熟悉制作演示文稿的过程。

（2）掌握应用设计模板的方法与技巧。

（3）熟悉在幻灯片中插入多媒体对象的方法。

（4）熟悉对幻灯片页面内容的基本编辑技巧。

（5）熟悉演示文稿的动画及放映设置。

（6）掌握幻灯片中图表的插入方法。

12.2　实验内容

1. 制作一个演示文稿

请根据图书策划方案（请参考“图书策划方案.docx”文件）中的内容，按照如下要求制作一个演示文稿，文件命名为“图书策划方案.pptx”。

题目要求：

（1）演示文稿中的内容编排需要严格遵循 Word 文档中的内容顺序，并仅需要包含 Word 文档中应用了“标题 1”“标题 2”“标题 3”样式的文字内容。

（2）Word 文档中应用了“标题 1”样式的文字，需要成为演示文稿中每页幻灯片的标题文字；应用了“标题 2”样式的文字，需要成为演示文稿中每页幻灯片的第一级文本内容；应用了“标题 3”样式的文字，需要成为演示文稿中每页幻灯片的第二级文本内容。

操作步骤：

（1）打开 Microsoft PowerPoint 2019，新建一个空白演示文稿。

（2）新建第一张幻灯片。按照题意，在“开始”选项卡下的“幻灯片”组中单击“新建幻灯片”下三角按钮，在弹出的下拉列表中选择恰当的版式。此处，我们选择“节标题”幻灯片，然后输入标题“Microsoft Office 图书策划案”，如图 12-1 所示。

（3）按照同样的方式新建第二张幻灯片作为“比较”。在标题中输入“推荐作者简介”，在两侧的上下文本区域中分别输入素材文件“推荐作者简介”对应的二级标题和三级标题的段落内容，如图 12-2 所示。

Microsoft Office图书策划案

单击此处添加文本

图 12-1　节标题

推荐作者简介

刘雅汶

- Contoso公司技术经理

主要代表作品

- 《Microsoft Office整合应用精要》
- 《Microsoft Word企业应用宝典》
- 《Microsoft Office应用办公好帮手》
- 《Microsoft Office专家门诊》

图 12-2　比较

（4）按照同样的方式新建第三张幻灯片为“标题和内容”。在标题中输入“Office 2019 的十大优势”，在文本区域中输入素材中“Office 2019 的十大优势”对应的二级标题内容，如图 12-3 所示。

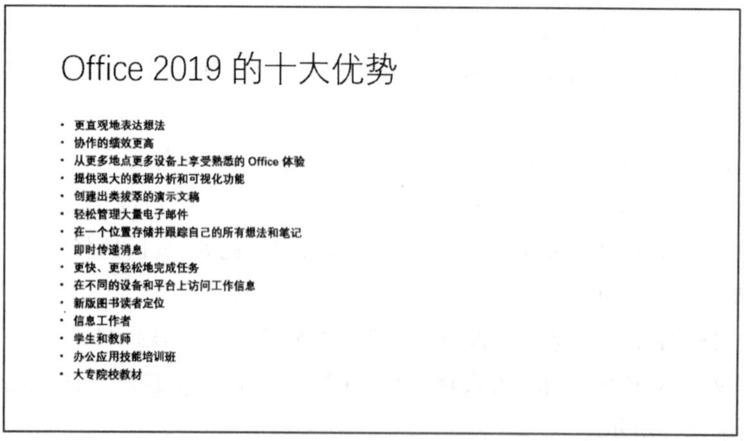

Office 2019 的十大优势

- 更直观地表达想法
- 协作的绩效更高
- 从更多地点更多设备上享受熟悉的 Office 体验
- 提供强大的数据分析和可视化功能
- 创建出类拔萃的演示文稿
- 轻松管理大量电子邮件
- 在一个位置存储并跟踪自己的所有想法和笔记
- 即时传递消息
- 更快、更轻松地完成任务
- 在不同的设备和平台上访问工作信息
- 新版图书读者定位
- 信息工作者
- 学生和教师
- 办公应用技能培训班
- 大专院校教材

图 12-3　标题和内容

(5) 新建第四张幻灯片为“标题和竖排文字”。在标题中输入“新版图书读者定位”,在文本区域中输入素材中“新版图书读者定位”对应的二级标题内容,如图 12-4 所示。

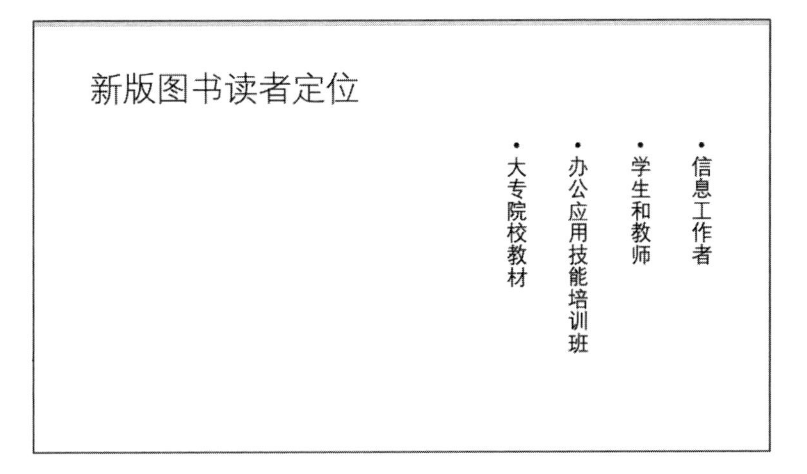

图 12-4 标题和竖排文字

(6) 新建第五张幻灯片为“垂直排列标题与文本”。在标题中输入“PowerPoint 2019 创新的功能体验”,在文本区域中输入素材中“PowerPoint 2019 创新的功能体验”对应的二级标题内容,如图 12-5 所示。

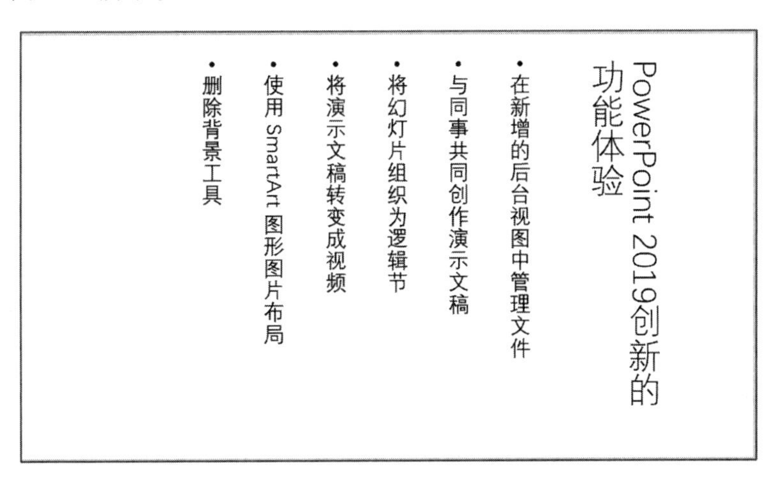

图 12-5 垂直排列标题与文本

(7) 依据素材中对应的内容,新建第六张幻灯片为“仅标题”。在标题中输入“2020 年同类图书销量统计”字样,如图 12-6 所示。

(8) 新建第七张幻灯片为“标题和内容”。输入标题“新版图书创作流程示”字样,在文本区域中输入素材中“新版图书创作流程示意”对应的内容。选中文本区域里在素材中应是三级标题的内容,右击,在弹出的下拉列表中选择项目符号以调整内容为三级格式。

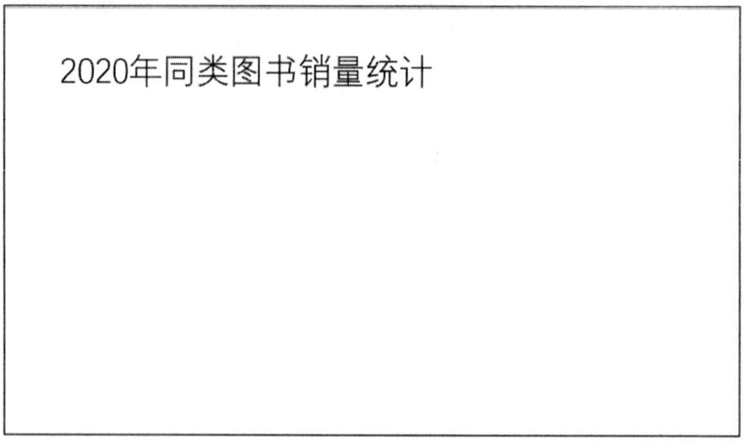

2020年同类图书销量统计

图 12-6 仅标题

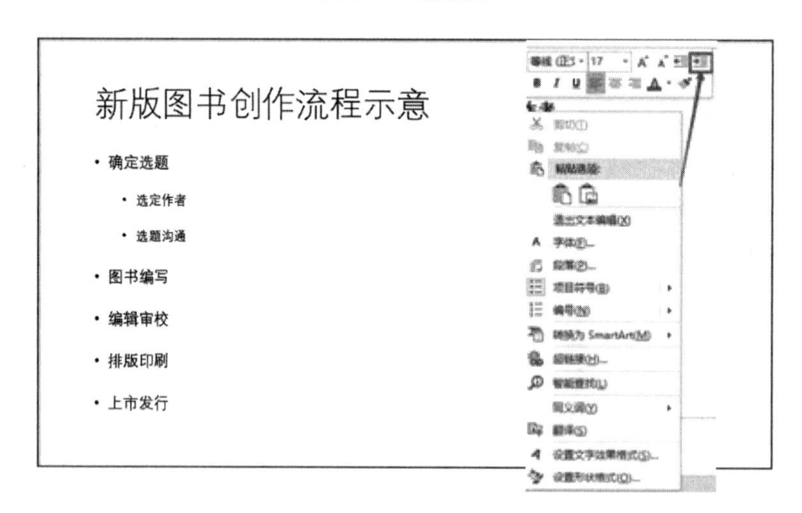

图 12-7 标题和内容

2. 修改演示文稿

在已完成的“图书策划方案. pptx”演示文稿基础上操作。

(1) 将演示文稿中的第一页幻灯片，调整为“标题幻灯片”版式。

(2) 为演示文稿应用一个美观的主题样式。

(3) 在标题为“2020 年同类图书销量统计”的幻灯片页中，插入一个 6 行、5 列的表格，列标题分别为“图书名称”“出版社”“作者”“定价”“销量”。

(4) 在标题为“新版图书创作流程示意”的幻灯片页中，将文本框中包含的流程文字利用 SmartArt 图形展现。

(5) 在该演示文稿中创建两个演示方案，方案一中包含第 1、2、4、7 页幻灯片，并将该演示方案命名为“放映方案 1”；方案二中包含第 1、2、3、5、6 页幻灯片，并将该演示方案命名为“放映方案 2”。

(6) 保存制作完成的演示文稿。

操作步骤：

(1) 在“开始”选项卡下的“幻灯片”组中单击“版式”下三角按钮，在弹出的下拉列表中选择“标题幻灯片”，即可将“节标题”调整为“标题幻灯片”。

(2) 在“设计”选项卡下，选择一种合适的主题，此处我们选择“主题”组中的“平衡”，则“丝状”主题应用于所有幻灯片，如图 12-8 所示。

图 12-8　丝状主题

(3) 依据题意选中第六张幻灯片，单击“插入”选项卡的“表格”组中的“表格”下三角按钮，在弹出的下拉列表中选择“插入表格”命令，即可弹出“插入表格”对话框。在“列数”微调框中输入“5”，在“行数”微调框中输入“6”，然后单击“确定”按钮即可在幻灯片中插入一个 6 行、5 列的表格。在表格中分别依次输入列标题“图书名称”“出版社”“作者”“定价”“销量”，如图 12-9 所示。

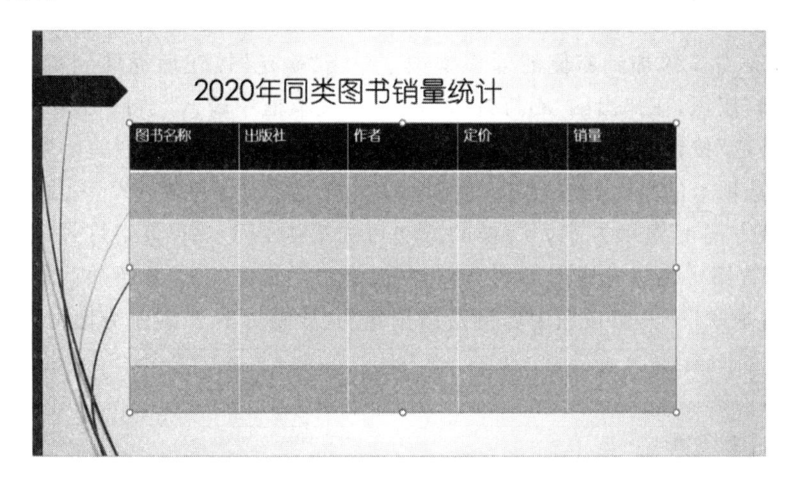

图 12-9　插入表格

(4) 依据题意选中第七张幻灯片，单击“插入”选项卡的“插图”组中的“SmartArt”按钮，弹出选择 SmartArt 图形对话框。选择一种与文本内容的格式相对应的图形，此处我们选择“层次结构”组中“组织结构”按钮，单击“确定”按钮后即可插入 SmartArt 图形。依据文本对应的格式，还需要对插入的图形进行格式的调整，增加或删除部分矩形，即可得到与幻灯片文本区域相匹配的框架图。按照样例中文字的填充方式把幻灯片内容区域中的文字分别剪贴到对应的矩形框中，如图 12-10 所示。

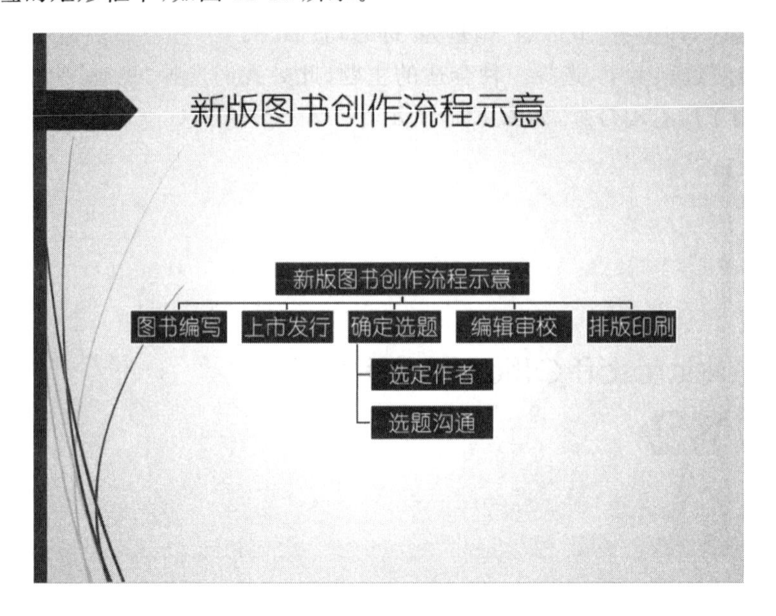

图 12-10　SmartArt 图

(5) 依据题意，首先创建一个包含第 1、2、4、7 页幻灯片的演示方案。单击“幻灯片放映”选项卡的“开始放映幻灯片”组的“自定义幻灯片放映”下三角按钮，选择“自定义放映”命令，弹出自定义放映对话框。单击“新建”按钮，弹出定义自定义放映对话框。在“在演示文稿中的幻灯片”列表框中选择“1. Microsoft Office 图书策划案”，然后单击“添加”按钮，即可将幻灯片 1 添加到“在自定义放映中的幻灯片”列表框中。按照同样的方式分别将幻灯片 2、幻灯片 4、幻灯片 7 添加到右侧的列表框中。单击“确定”按钮后返回到自定义放映对话框。单击“编辑”按钮，在弹出的“幻灯片放映名称”文本框中输入“放映方案 1”，如图 12-11 所示。单击“确定”按钮后即可重新返回到自定义放映对话框。单击“关闭”按钮后即可在“幻灯片放映”选项卡的“开始放映幻灯片”组中的“自定义幻灯片放映”下三角按钮中看到最新创建的“放映方案 1”演示方案。同样的方法可为第 1、2、3、5、6 页幻灯片创建名为“放映方案 2”的演示方案。创建完毕后即可在“幻灯片放映”选项卡下“开始放映幻灯片”组中的“自定义幻灯片放映”下三角按钮中看到最新创建的“放映方案 2”演示方案。

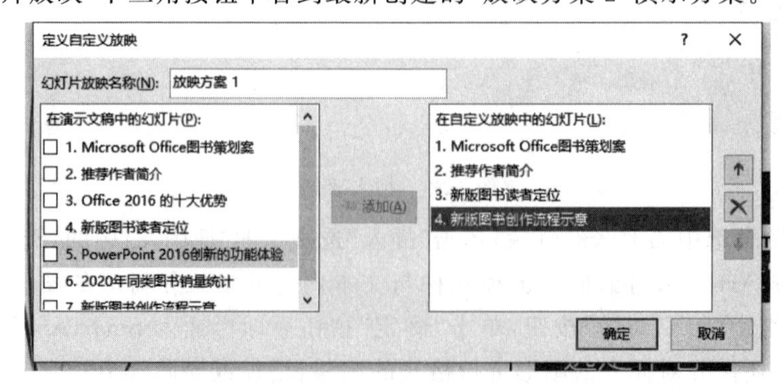

图 12-11　自定义放映

（6）保持制作完成的演示文稿文件。

3. 添加动画和切换效果

在已完成的“图书策划方案.pptx”演示文稿基础上操作。

（1）第一张幻灯片，标题添加“进入”→“弹跳”动画，调整动画为慢速，按字/词。

（2）给标题添加动画，通过“放大/缩小”强调标题，此动画紧跟第一个动画自动放映。

（3）插入背景音乐，要求幻灯片启动时首先播放音乐，一直到幻灯片放映结束，播放时不显示声音图标。

（4）给每张幻灯片添加切换效果。

（5）设置放映方式为“演讲者放映”及“循环放映”，按 ESC 键终止。

操作步骤：

（1）选择“动画”选项卡中“高级动画”组中的“动画窗格”按钮，打开动画窗格对话框。

（2）在标题幻灯片中选择标题“Microsoft Office 图书策划案”，在“高级动画”组中，单击“添加动画”按钮，在“进入”组中选择“弹跳”。在右侧“动画窗格”对话框中，单击 1★ 标题 1: Microsoft ... 右侧的向下的箭头按钮，弹出下拉菜单，选择“效果选项”，打开“弹跳”对话框，在对话框中“计时”中调整动画为慢速，“效果”中修改“动画文本”为按字/词，如图 12-12 所示。

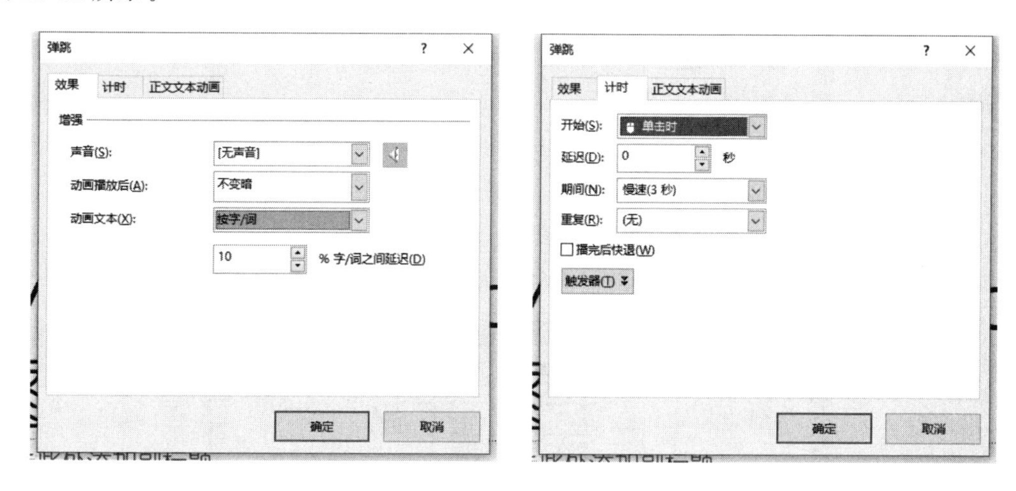

图 12-12 弹跳

（3）同（2）添加“强调”动画，在右侧动画窗格对话框中，单击 2★ 标题 1: Microsoft ... 右侧的向下的箭头按钮，弹出下拉菜单，选择“从上一项之后开始”，如图 12-13 所示。

（4）定位到标题幻灯片，然后单击“插入”选项卡的“媒体”组中的“音频”按钮，在下拉菜单中选择“PC 上的音频”，弹出“插入声音”对话框，在该对话框选择一个音频文件，单击“确定”按钮确认选择。在右侧“动画窗格”对话框中，选择“触发器”中的音频文件，单击右侧的向下的箭头按钮，在下拉菜单中选择“效果选项”，打开“播放音频”对话框，在对话框播放效果，如图 12-14 所示。

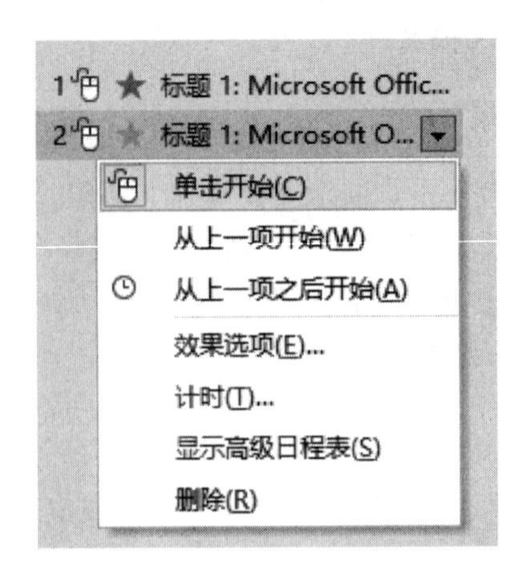

图 12-13　动画下拉菜单

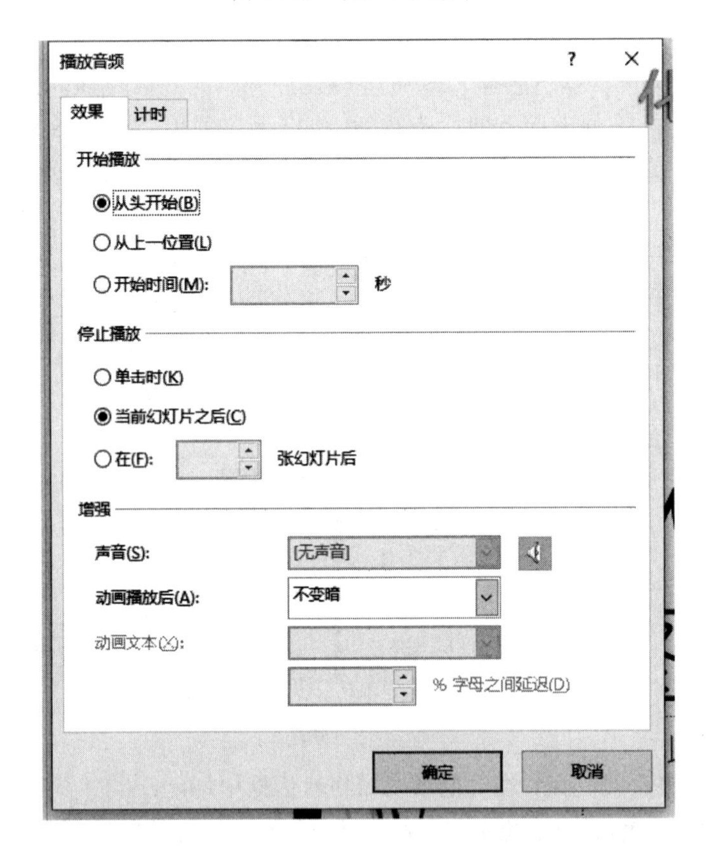

图 12-14　播放音频

(5) 在“切换”选项卡的“切换到此幻灯片”组中给每张幻灯片指定一个切换效果。

(6) 选择“幻灯片放映”选项卡的“设置”组中的“设置幻灯片放映”按钮，弹出“设置放映方式”对话框，修改相应设置，如图 12-15 所示。

图 12-15　设置放映方式

12.3 实验作业

(1) 请根据“天河二号素材.docx”及相关图片文件，制作一个关于“天河二号”的演示幻灯片。具体要求如下：

① 演示文稿共包含 10 张幻灯片，标题幻灯片 1 张，概况 2 张，特点、技术参数、自主创新和应用领域各 1 张，图片欣赏 3 张(其中一张为图片欣赏标题页)。幻灯片必须选择一种设计主题，要求字体和色彩合理、美观大方。所有幻灯片中除了标题和副标题，其他文字的字体均设置为“微软雅黑”。演示文稿保存为“天河二号超级计算机.pptx”。

② 第 1 张幻灯片为标题幻灯片，标题为“天河二号超级计算机”，副标题为“——2014 年再登世界超算榜首”。

③ 第 2 张幻灯片采用“两栏内容”的版式，左边一栏为文字，右边一栏为图片，图片为“Image1.jpg”。

④ 以下的第 3、4、5、6、7 张幻灯片的版式均为“标题和内容”。素材中的黄底文字即为相应页幻灯片的标题文字。

⑤ 第 4 张幻灯片标题为“二、特点”，将其中的内容设为“垂直块列表”SmartArt 对象，素材中红色文字为一级内容，蓝色文字为二级内容。并为该 SmartArt 图形设置动画，要求组合图形“逐个”播放，并将动画的开始设置为“上一动画之后”。

⑥ 利用相册功能为“Image2.jpg”～“Image9.jpg”8 张图片“新建相册”，要求每页幻灯片 4 张图片，相框的形状为“居中矩形阴影”；将标题“相册”更改为“六、图片欣赏”。将相册中的所有幻灯片复制到“天河二号超级计算机.pptx”中。

⑦ 将该演示文稿分为 4 节，第 1 节节名为“标题”，包含 1 张标题幻灯片；第 2 节节名为“概况”，包含 2 张幻灯片；第 3 节节名为“特点、参数等”，包含 4 张幻灯片；第 4 节节名为“图片欣赏”，包含 3 张幻灯片。每一节的幻灯片均为同一种切换方式，节与节的幻灯片切换方式不同。

⑧ 除标题幻灯片外，其他幻灯片的页脚显示幻灯片编号。

⑨ 设置幻灯片为循环放映方式，如果不单击鼠标，幻灯片 10 秒钟后自动切换至下一张。

(2) 制作一个介绍自家家乡或母校的演示文稿。要求：不能少于 15 张幻灯片；使用母板设计统一的背景；添加适度的动画及切换效果；添加可以循环播放的背景音乐；设置为自动放映。

实验13 综合应用

13.1 Word综合练习

以下各题的素材均在对应编号文件夹的素材库中。

习题 13.1.1

吴明是某房地产公司的行政助理，主要负责开展公司的各项活动，并起草各种文件。为庆祝共和国64周年国庆，弘扬“强国志”和“爱国情”，公司将定于2013年9月30日下午15:00时在会所会议室以热爱祖国“激情飞扬在十月，爱我中华展风采”为主题的演讲比赛。比赛需邀请评委，评委人员保存在名为“评委.docx”的Word文档中，公司联系电话为021-6666688888。

根据上述内容制作请柬，具体要求如下。

（1）制作一份请柬，以“董事长：李科勒”名义发出邀请，请柬中需要包含标题、收件人名称、演讲比赛时间、演讲比赛地点和邀请人。

（2）对请柬进行适当的排版，具体要求：改变字体、调整字号，且标题部分（“请柬”）与正文部分（以“尊敬的×××”开头）采用不相同的字体和字号，以美观且符合中国人阅读习惯为准。

（3）在请柬的左下角位置插入一幅图片（图片自选），调整其大小及位置，不影响文字排列、不遮挡文字内容。

（4）进行页面设置，加大文档的上边距；为文档添加页脚，要求页脚内容包含本公司的联系电话。

（5）运用邮件合并功能制作内容相同、收件人不同（收件人为“评委.docx”中的每个人，采用导入方式）的多份请柬，要求先将主文档以“请柬1.docx”为文件名进行保存，效果预览后生成可以单独编辑的单个文档“请柬2.docx”。

习题 13.1.2

张静是一名大学本科三年级学生，经多方面了解分析，她希望在下个暑期去一家公司实习。为获得难得的实习机会，她打算利用Word精心制作一份简洁而醒目的个人简历，示例样式如“简历参考样式.jpg”所示，要求如下：

（1）调整文档版面，要求纸张大小为A4，页边距（上、下）为2.5厘米，页边距（左、右）为3.2厘米。

（2）根据页面布局需要，在适当的位置插入标准色为橙色与白色的两个矩形，其中橙色矩形占满A4幅面，文字环绕方式设为“浮于文字上方”，作为简历的背景。

（3）参照示例文件，插入标准色为橙色的圆角矩形，并添加文字“实习经验”，插入一个短划线的虚线圆角矩形框。

(4) 参照示例文件，插入文本框和文字，并调整文字的字体、字号、位置和颜色。其中，“张静”应为标准色橙色的艺术字，“寻求能够……”文本效果应为跟随路径的“上弯弧”。

(5) 根据页面布局需要，插入考生文件夹下图片“1.png”，依据样例进行裁剪和调整，并删除图片的剪裁区域；然后根据需要插入图片2.jpg、3.jpg、4.jpg，并调整图片位置。

(6) 参照示例文件，在适当的位置使用形状中的标准色橙色箭头(提示：其中横向箭头使用线条类型箭头)，插入“SmartArt”图形，并进行适当编辑。

(7) 参照示例文件，在“促销活动分析”等4处使用项目符号“对勾”，在“曾任班长”等4处插入符号“五角星”、颜色为标准色红色。调整各部分的位置、大小、形状和颜色，以展现统一、良好的视觉效果。

习题 13.1.3

科技是国家强盛之基，创新是民族进步之魂。某大学教师张东明积极投身科学项目研究，撰写了多篇论文，目前撰写了一篇名为“基于频率域特性的闭合轮廓描述子对比分析”的学术论文，拟投稿于某大学学报，根据该学报相关要求，论文必须遵照该学报论文样式进行排版。请根据素材库中对应编号文件夹下的“素材.docx”和相关图片文件等素材完成排版任务，具体要求如下：

(1) 将素材文件“素材.docx”另存为“论文正样.docx”，保存于考生文件夹下，并在此文件中完成所有要求，最终排版不超过5页，样式可参考考生文件夹下的“论文正样1.jpg”～“论文正样5.jpg”。

(2) 论文页面设置为A4幅面，边距分别为：上边距3.5厘米，下边距2.2厘米，左、右边距分别为2.5厘米。论文页面只指定行网格(每页42行)，页脚距边距1.4厘米，在页脚居中位置设置页码。

(3) 论文正文以前的内容，段落不设首行缩进，其中论文标题、作者、作者单位的中英文部分均居中显示，其余为两端对齐。文章编号为黑体小五号字；论文标题(红色字体)大纲级别为1级、样式为标题1，中文为黑体，英文为Times New Roman，字号为三号。作者姓名的字号为小四，中文为仿宋，西文为Times New Roman。作者单位、摘要、关键字、中图分类号等中英文部分字号为小五，中文为宋体，西文为Times New Roman，其中摘要、关键字、中图分类号等中英文内容的第一个词(冒号前面的部分)设置为黑体。

(4) 参考“论文正样1.jpg”示例，将作者姓名后面的数字和作者单位前面的数字(含中文、英文两部分)，设置正确的格式。

(5) 自正文开始到参考文献列表为止，页面布局分为对称2栏。正文(不含图、表、独立成行的公式)为五号字(中文为宋体，西文为Times New Roman)，首行缩进2字符，行距为单倍行距；表注和图注为小五号(表注中文为黑体，图注中文为宋体，西文均用Times New Roman)，居中显示，其中正文中的“表1”“表2”与相关表格有交叉引用关系(注意：“表1”“表2”的“表”字与数字之间没有空格)，参考文献列表为小五号字，中文为宋体，西文均用Times New Roman，采用项目编号，编号格式为“[序号]”。

(6) 素材中黄色字体部分为论文的第一层标题，大纲级别2级，样式为标题2，多级项目编号格式为“1.2.3.…”，字体为黑体、黑色、四号，段落行距为最小值30磅，无段前段后间距；素材中蓝色字体部分为论文的第二层标题，大纲级别3级，样式为标题3，对应的多级项目编号格式为“2.1、2.2.…、3.1、3.2.…”，字体为黑体、黑色、五号，段落行距为最小值18磅，段前段后间距为3磅，其中参考文献无多级编号。

13.2 Word综合练习参考答案

习题13.1.1参考答案

(1) 解题步骤。

① 启动Word 2016，新建一个空白文档。

② 根据题目要求在空白文档中输入请柬必须包含的信息。

(2) 解题步骤。

① 根据题目要求，对已经初步做好的请柬进行适当的排版。选中“请柬”二字，单击“开始”选项卡下“字体”组中的“字号”下拉按钮，在弹出的下拉列表中选择适合的字号，此处选择“小初”。按照同样的方式在“字体”下拉列表中设置字体，此处选择“隶书”。

② 选中除了“请柬”以外的正文部分，单击“开始”选项卡下“字体”组中的下拉按钮，在弹出的列表中选择适合的字体，此处选择“黑体”。按照同样的方式设置字号为“五号”。

(3) 解题步骤。

插入图片。单击“插入”选项卡下“插图”组中的“图片”按钮，在弹出的“插入图片”对话框中选择合适的图片，此处选择“图片1.jpg”。插入图片后，拖动鼠标适当调整图片的大小以及位置。

(4) 解题步骤。

① 进行页面设置。单击“页面布局”选项卡下“页面设置”组中的“页边距”下拉按钮，在下拉列表中单击“自定义页边距”。

② 在弹出的“页面设置”对话框中选择“页边距”选项卡。在“页边距”选项的“上”中选择合适的数值，以适当加大文档的上边距为准，此处选择“3厘米”。

③ 单击“插入”选项卡下“页眉页脚”组中的“页眉”按钮，在弹出的下拉列表中选择“空白”选项。

④ 在光标显示处输入本公司的联系电话“021-6666688888”。

(5) 解题步骤。

① 在“邮件”选项卡上的“开始邮件合并”组中，单击“开始邮件合并”下的“邮件合并分步向导”命令。

② 打开“邮件合并”任务窗格，进入“邮件合并分步向导”的第1步。在“选择文档类型”中选择一个希望创建的输出文档的类型，此处我们选择“信函”单选按钮。

③ 单击“下一步:正在启动文档”超链接，进入“邮件合并分步向导”的第2步，在“选择开始文档”选项区域中选中“使用当前文档”单选按钮，以当前文档作为邮件合并的主文档。

④ 然后单击“下一步:选取收件人”超链接，进入第3步，在“选择收件人”选项区域中选中“使用现有列表”单选按钮。

⑤ 接着单击“浏览”超链接，打开“选取数据源”对话框，选择“评委.xlsx”文件后单击“打开”按钮，进入“邮件合并收件人”对话框，单击“确定”按钮完成现有工作表的链接工作。

⑥ 选择了收件人的列表之后，单击“下一步:撰写信函”超链接，进入第4步。在“撰写

信函”区域中选择“其他项目”超链接。打开“插入合并域”对话框，在“域”列表框中，按照题意选择“姓名”域，单击“插入”按钮。插入完所需的域后，单击“关闭”按钮，关闭“插入合并域”对话框。文档中的相应位置就会出现已插入的域标记。

⑦ 在“邮件合并”任务窗格中，单击“下一步：预览信函”超链接，进入第 5 步。在“预览信函”选项区域中，单击“＜＜”或“＞＞”按钮，可查看具有不同邀请人的姓名和称谓的信函。

⑧ 预览并处理输出文档后，单击“下一步：完成合并”超链接，进入“邮件合并分步向导”的最后一步。此处，选择“编辑单个信函”超链接，打开“合并到新文档”对话框，在“合并记录”选项区域中，选中“全部”单选按钮。

⑨ 单击“确定”按钮，Word 就会将存储的收件人的信息自动添加到请柬的正文中，并合并生成一个新文档。

⑩ 将合并主文档以“请柬 1. docx”为文件名进行保存。

⑪ 进行效果预览后，生成可以单独编辑的单个文档，并以“请柬 2. docx”为文件名进行保存。

习题 13. 1. 2 参考答案

（1）解题步骤。

① 打开素材库中对应编号文件夹下的“WORD 素材. txt”素材文件。

② 启动 Word 2016 软件，并新建空白文档。切换到“页面布局”选项卡，在“页面设置”选项组中单击对话框启动器按钮，弹出“页面设置”对话框，切换到“纸张”选项卡，将“纸张大小”设为“A4”。

③ 切换到“页边距”选项卡，将“页边距”的上、下、左、右分别设为 2. 5 厘米、2. 5 厘米、3. 2 厘米、3. 2 厘米。

（2）解题步骤。

① 切换到“插入”选项卡，在“插图”选项组中单击“形状”下拉按钮，在其下拉列表中选择“矩形”，并在文档中进行绘制使其与页面大小一致。

② 选中矩形，切换到“绘图工具”下的“格式”选项卡，在“形状样式”选项组中分别将“形状填充”和“形状轮廓”都设为“标准色”下的“橙色”。

③ 选中黄色矩形右击，在弹出的快捷菜单中选择“自动换行”级联菜单中的“浮于文字上方”选项。

④ 在橙色矩形上方按步骤①同样的方式创建一个白色矩形，并将其“自动换行”设为“浮于文字上方”，“形状填充”和“形状轮廓”都设为“主题颜色”下的“白色”。

（3）解题步骤。

① 切换到“插入”选项卡，在“插图”选项组中单击“形状”下拉按钮，在其下拉列表中选择“圆角矩形”，参考示例文件，在合适的位置绘制圆角矩形，如同上题步骤②将“圆角矩形”的“形状填充”和“形状轮廓”都设为“标准色”下的“橙色”。

② 选中所绘制的圆角矩形，在其中输入文字“实习经验”，并选中“实习经验”，设置“字体”为“宋体”，“字号”为“小二”。

③ 根据参考样式，再次绘制一个“圆角矩形”，并调整此圆角矩形的大小。

④ 选中此圆角矩形，选择“绘图工具”下的“格式”选项卡，在“形状样式”选项组中将“形状填充”设为“无填充颜色”，在“形状轮廓”列表中选择“虚线”下的“短划线”，粗细设置为

0.5 磅,“颜色”设为“橙色”。

⑤ 选中圆角矩形右击,在弹出的快捷菜单中选择“置于底层”级联菜单中的“下移一层”。

(4) 解题步骤。

① 切换到“插入”选项卡,在“文本”选项组中单击“艺术字”下拉按钮,在下拉列表中选择“填充-无,轮廓-强调文字颜色 2”的红色艺术字;输入文字“张静”,并调整好位置。

② 选中艺术字,设置艺术字的“文本填充”为“橙色”,并将其“字号”设为“一号”。

③ 切换到“插入”选项卡,在“文本”选项组中单击“文本框”下拉按钮,在下拉列表中选择“绘制文本框”,绘制一个文本框并调整好位置。

④ 在文本框上右击选择“设置形状格式”,弹出“设置形状格式”对话框,选择“线条颜色”为“无线条”。

⑤ 在文本框中输入与参考样式中对应的文字,并调整好字体、字号和位置。

⑥ 切换到“插入”选项卡,在页面最下方插入艺术字。在“文本”选项组中单击“艺术字”下拉按钮,选中艺术字,并输入文字“寻求能够不断学习进步,有一定挑战性的工作”,并适当调整文字大小。

⑦ 切换到“绘图工具”下的“格式”选项卡,在“艺术字样式”选项组中选择“文本效果”下拉按钮,在弹出的下拉列表中选择“转换”→“跟随路径”→“上弯弧”。

(5) 解题步骤。

① 切换到“插入”选项卡,在“插图”选项组中单击“图片”按钮,弹出插入图片对话框,选择考生文件夹下的素材图片“1. png”,单击“插入”按钮。

② 选择插入的图片,单击鼠标右键,在下拉列表中选择“自动换行”→“四周型环绕”,依照样例利用“图片工具”→“格式”选项卡下“大小”选项组中的“裁剪”工具进行裁剪,并调整大小和位置。

③ 使用同样的操作方法在对应位置插入图片 2. png、3. png、4. png,并调整好大小和位置。

(6) 解题步骤。

① 切换到“插入”选项卡,在“插图”选项组中单击“形状”下拉按钮,在下拉列表中选择“线条”中的“箭头”,在对应的位置绘制水平箭头。

② 选中水平箭头后单击鼠标右键,在弹出的列表中选择“设置形状格式”,在“设置形状格式”对话框中设置“线条颜色”为“橙色”,在“线型”→“宽度”输入线条宽度为“4.5 磅”。

③ 切换到“插入”选项卡,在“插图”选项组中单击“形状”下拉按钮,在下拉列表中选择“箭头总汇”中的“上箭头”,在对应样张的位置绘制三个垂直向上的箭头。

④ 选中绘制的“箭头”,在“绘图工具”→“格式”选项卡中设置的“形状轮廓”和“形状填充”均为“橙色”,并调整好大小和位置。

⑤ 切换到“插入”选项卡,在“插图”选项组中单击“SmartArt”按钮,弹出“选择 SmartArt 图形”对话框,选择“流程”→“步骤上移流程”。

⑥ 输入相应的文字,并适当调整 SmartArt 图形的大小和位置。

⑦ 切换到“SmartArt 工具”下的“设计”选项卡,在“SmartArt 样式”组中,单击“更改颜色”下拉按钮,在其下拉列表中选择“强调文字颜色 2”组中的“渐变范围”→“强调文字颜色 2”。

⑧ 切换到“SmartArt 工具”下的“设计”选项卡，在“创建图形”选项组中单击“添加形状”按钮，在其下拉列表中选择“在后面形状添加”选项，使其成为四个。

⑨ 在文本框中输入相应的文字，并设置合适的“字体”和“大小”。

(7) 解题步骤。

① 在“实习经验”矩形框中输入对应的文字，并调整好字体大小和位置。

② 分别选中“促销活动分析”等文本框的文字，右击选择“段落”功能区中的“项目符号”，在“项目符号库”中选择“对勾”符号，为其添加对勾。

③ 分别将光标定位在“曾任班长”等 4 处位置的起始处，切换到“插入”选项卡，在“符号”选项组中选择“其它符号”，在列表中选择“五角星”。

④ 选中所插入的“五角形”符号，在“开始”选项卡中设置颜色为“标准色”中的“红色”。

⑤ 以文件名“WORD. docx”保存结果文档。

习题 13.1.3 参考答案

(1) 解题步骤。

① 打开素材库中对应编号文件夹文件夹下的“素材. docx”文件。

② 单击“文件”按钮，选择“另存为”，将名称设为“论文正样. docx”。

(2) 解题步骤。

① 切换到“页面布局”选项卡，在“页面设置”选项组中单击对话框启动器按钮，打开“页面设置”对话框，在“页边距”选项卡中的“页边距”区域中设置页边距的“上”和“下”分别设为 3.5 厘米，2.2 厘米，“左”和“右”边距设为 2.5 厘米。

② 切换到“纸张”选项卡，将“纸张大小”设为 A4。

③ 切换到“版式”选项卡，在“页眉和页脚”选项组中将“页脚”设为 1.4 厘米。

④ 切换到“文档网格”选项卡，在“网格”组中勾选“只指定行网络”单选按钮，在“行数”组中将“每页”设为“42”行，单击“确定”按钮。

⑤ 选择“插入”选项卡，在“页眉和页脚”选项组中的单击“页脚”下拉按钮，在其下拉列表中选择“编辑页脚”命令，切换到“开始”选项卡，在“段落”选项组中单击“居中”按钮。

⑥ 切换到“页眉和页脚工具”下的“设计”选项卡，在“页眉和页脚”选项组中单击“页码”下拉列表中选择“当前位置”→“颚化符”选项，单击“关闭页眉和页脚”按钮，将其关闭。

(3) 解题步骤。

① 选择正文以前的内容(包括论文标题、作者、作者单位的中英文部分)，切换到“开始”选项卡，在“段落”选项组中单击对话框启动器按钮，弹出“段落”对话框，选择“缩放和间距”选项卡，将“缩进”组中将“特殊格式”设为“无”，单击“确定”按钮。

② 选中论文标题、作者、作者单位的中英文部分在“开始”选项卡的“段落”选项组单击“居中”按钮。

③ 选中正文内容，在“开始”选项卡的“段落”选项组中单击“两端对齐”按钮。

④ 选中“文章编号”部分内容，切换到“开始”选项卡在“字体”选项组中将“字体”设为“黑体”，“字号”设为“小五”。

⑤ 选中论文标题中文部分(红色字体)，在“开始”选项卡在“段落”选项组单击对话框启动器按钮，弹出“段落”对话框，在“缩进和间距”选项卡的“常规”组中将“大纲级别”设为“1 级”，单击“确定”按钮。在“开始”选项卡的“样式”选项组中对其应用“标题 1”样式，并将字

体修改为“黑体”，字号为“三号”。

⑥ 选择论文标题的英文部分，设置与中文标题同样的“大纲级别”和“样式”，并将字体修改为“Times New Roman”，字号为“三号”。

⑦ 选中作者姓名中文部分在“开始”选项卡将“字体”设为“仿宋”，“字号”为“小四”。

⑧ 选中作者姓名英文部分在“开始”选项卡将“字体”设为“Times New Roman”，“字号”为“小四”。

⑨ 选中作者单位、摘要、关键字、中图分类号等中文部分在“开始”选项卡将“字体”组选择字体为“宋体”，其中冒号前面的文字部分设置为“黑体”，“字号”均为“小五”。

⑩ 选中作者单位、摘要、关键字、中图分类号等英文部分，在“开始”选项卡将“字体”设为“Times New Roman”，其中冒号前面的部分设置为“黑体”，“字号”为“小五”。

(4) 解题步骤。

① 选中作者姓名后面的“数字”(含中文、英文两部分)，在“开始”选项卡下的“字体”选项组中单击对话框启动器按钮，弹出“字体”对话框，在“字体”选项卡下的“效果”组中，勾选“上标”复选框。

② 选中作者单位前面的“数字”(含中文、英文两部分)，按上述同样的操作方式设置正确的格式。

(5) 解题步骤。

① 选中正文文本及参考文献，切换到“页面布局”选项卡，在“页面设置”选项组中单击“分栏”下拉按钮，在其下拉列表中选择“两栏”选项。

② 选择正文第一段文本切换到“开始”选项卡中，在“编辑”选项组中单击“选择”下拉按钮，在弹出的下拉菜单中选择“选择格式相似的文本”选项。选择文本后，在最后一页，按Ctrl键选择“参考文献”的英文部分，在“字体”选项组中将“字号”设为“五号”，“字体”设为“宋体”，然后将“字体”设为“Times New Roman”。

③ 确定上一步选择的文本处于选择状态，在“段落”选项组中，单击对话框启动器按钮，弹出“段落”对话框，选择“缩进和间距”选项卡，在“缩进”组中将“特殊格式”设为“首行缩进”，“磅值”设为2字符，在“间距”组中，将“行距”设为“单倍行距”，单击“确定”按钮。

④ 选中所有的中文表注将“字体”设为“黑体”，“字号”设为“小五”，在“段落”选项组中单击“居中”按钮。

⑤ 选中所有的中文图注将“字体”设为“宋体”，“字号”设为“小五”，在“段落”选项组中单击“居中”按钮。

⑥ 选中所有的英文表注与图注将“字体”设为“Times New Roman”，“字号”设为“小五”，在“段落”选项组中单击“居中”按钮。

⑦ 选中所有的参考文献，将“字体”设为“宋体”，在将“字体”设为“Times New Roman”，“字号”设为“小五”。

⑧ 确认参考文献处于选中状态，在“段落”选项组中，单击“编号”按钮，在其下拉列表中选择“定义新编号格式”选项，弹出“定义新编号格式”对话框，将“编号格式”设为“[1]”，并单击“确定”按钮。

(6) 解题步骤。

① 选中第一个黄色字体，切换到“开始”选项卡，在“样式”选项组中，选中“标题2”样式，

右击，在弹出的快捷菜单中选择“修改”选项，弹出“修改样式”对话框，将“字体”设为“黑体”，“字体颜色”设为“黑色”，“字号”设为“四号”。

② 单击“格式”按钮，在弹出的下拉菜单中选择“段落”，弹出“段落”对话框。选择“缩进和间距”选项卡，在“常规”组中将“大纲级别”设为 2 级，在“间距”组中，将“行距”设为“最小值”，“设置值”设为“30 磅”，“段前”和“段后”都设为“0 行”，并对余下黄色文字应用“标题 2”样式。

③ 选中第一个蓝色字体，切换到“开始”选项卡，在“样式”选项组中，选中“标题 3”样式，右击，在弹出的下拉列表中选择“修改”选项，弹出“修改样式”对话框，将“字体”设为“黑体”，“字体颜色”设为“黑色”，“字号”设为“五号”。

④ 单击“格式”按钮，在弹出的下拉菜单中选择“段落”，弹出“段落”对话框。选择“缩进和间距”选项卡，在“常规”组中将“大纲级别”设为 3 级，在“间距”组中，将“行距”设为“最小值”，“设置值”设为 18 磅，“段前”和“段后”都设为 3 磅。并对余下蓝色文字应用“标题 3”样式。

⑤ 选择应用“标题 2”样式的文字，切换到“开始”选项卡，在“段落”选项组中单击“多级列表”选项，在弹出的下拉列表中选择“定义新的多级列表”选项，弹出“定义新多级列表”对话框，单击要修改的级别“1”，单击“更多”按钮，将“级别链接到样式”设为“标题 2”。

⑥ 单击要修改的级别“2”，将“级别链接到样式”设为“标题 3”，单击“确定”按钮。

13.3 Excel 综合练习

习题 13.3.1

大学生小王由于在校期间学习努力、成绩优秀，还积极参加学校及社会上组织的各项公益活动，被评为优秀大学生，今年毕业后，一家书店聘请小王担任市场部助理，主要的工作职责是为部门经理提供销售信息的分析和汇总。

请根据销售统计表（“Excel. xlsx”文件），按照如下要求完成统计和分析工作：

(1) 将“sheet1”工作表命名为“销售情况”，将“sheet2”命名为“图书定价”。

(2) 在“图书名称”列右侧插入一个空列，输入列标题为“单价”。

(3) 将工作表标题跨列合并后居中并适当调整其字体、加大字号，并改变字体颜色。设置数据表对齐方式及单价和小计的数值格式（保留 2 位小数）。根据图书编号，请在“销售情况”工作表的“单价”列中，使用 VLOOKUP 函数完成图书单价的填充。“单价”和“图书编号”的对应关系在“图书定价”工作表中。

(4) 运用公式计算工作表“销售情况”中 H 列的小计。

(5) 为工作表“销售情况”中的销售数据创建一个数据透视表，放置在一个名为“数据透视分析”的新工作表中，要求针对各书店比较各类书每天的销售额。其中，书店名称为列标签，日期和图书名称为行标签，并对销售额求和。

(6) 根据生成的数据透视表，在透视表下方创建一个簇状柱形图，图表中仅对该书店一月份的销售额小计进行比较。

(7) 保存“Excel. xlsx”文件。

习题 13.3.2

爱心帮扶照亮贫困学子上学路，小赵自从参加工作以来，秉承“一份爱心的传递，凝聚一分力量”，不断资助贫困学子。为了能够将收入更加合理使用，他习惯使用 Excel 表格来记录每月的个人开支情况，在 2013 年年底，小赵将每个月各类支出的明细数据录入了文件名为“开支明细表.xlsx”的 Excel 工作簿文档中。请根据下列要求帮助小赵对明细表进行整理和分析：

(1) 在工作表“小赵的美好生活”的第一行添加表标题“小赵 2013 年开支明细表”，并通过合并单元格，放于整个表的上端、居中。

(2) 将工作表应用一种主题，并增大字号，适当加大行高列宽，设置居中对齐方式，除表标题“小赵 2013 年开支明细表”外为工作表分别增加恰当的边框和底纹以使工作表更加美观。

(3) 将每月各类支出及总支出对应的单元格数据类型都设为“货币”类型，无小数、有人民币货币符号。

(4) 通过函数计算每个月的总支出、各个类别月均支出、每月平均总支出；并按每个月总支出升序对工作表进行排序。

(5) 利用“条件格式”功能：将月单项开支金额中大于 1 000 元的数据所在单元格以不同的字体颜色与填充颜色突出显示；将月总支出额中大于月均总支出 110%的数据所在单元格以另一种颜色显示，所用颜色深浅以不遮挡数据为宜。

(6) 在“年月”与“服装服饰”列之间插入新列“季度”，数据根据月份由函数生成，例如 1～3 月对应“1 季度”、4～6 月对应“2 季度”……

(7) 复制工作表“小赵的美好生活”，将副本放置到原表右侧；改变该副本表标签的颜色，并重命名为“按季度汇总”；删除“月均开销”对应行。

(8) 通过分类汇总功能，按季度升序求出每个季度各类开支的月均支出金额。

(9) 在“按季度汇总”工作表后面新建名为“折线图”的工作表，在该工作表中以分类汇总结果为基础，创建一个带数据标记的折线图，水平轴标签为各类开支，对各类开支的季度平均支出进行比较，给每类开支的最高季度月均支出值添加数据标签。

习题 13.3.3

为响应党的号召“我为群众办实事”，提供更优惠的服务，某大型收费停车场规划调整收费标准，拟从原来“不足 15 分钟按 15 分钟收费”调整为“不足 15 分钟部分不收费”的收费政策。市场部抽取了 5 月 26 日至 6 月 1 日的停车收费记录进行数据分析，以期掌握该项政策调整后营业额的变化情况。请根据素材库中对应编号文件夹下“素材.xlsx”中的各种表格，帮助市场分析员小罗完成此项工作。具体要求如下：

(1) 将“素材.xlsx”文件另存为“停车场收费政策调整情况分析.xlsx”，所有的操作基于此新保存好的文件。

(2) 在“停车收费记录”表中，涉及金额的单元格格式均设置为保留 2 位的数值类型。依据“收费标准”表，利用公式将收费标准对应的金额填入“停车收费记录”表中的“收费标准”列；利用出场日期、时间与进场日期、时间的关系，计算“停放时间”列，单元格格式为时间类型的“××时××分”。

(3) 依据停放时间和收费标准，计算当前收费金额并填入“收费金额”列；计算拟采用的收费政策的预计收费金额并填入“拟收费金额”列；计算拟调整后的收费与当前收费之间的差值并填入“差值”列。

（4）将“停车收费记录”表中的内容套用表格格式“表样式中等深浅 12”，并添加汇总行，最后三列“收费金额”“拟收费金额”和“差值”汇总值均为求和。

（5）在“收费金额”列中，将单次停车收费达到 100 元的单元格突出显示为黄底红字的货币类型。

（6）新建名为“数据透视分析”的表，在该表中创建 3 个数据透视表，起始位置分别为 A3、A11、A19 单元格。第一个透视表的行标签为“车型”，列标签为“进场日期”，求和项为“收费金额”，可以提供当前的每天收费情况；第二个透视表的行标签为“车型”，列标签为“进场日期”，求和项为“拟收费金额”，可以提供调整收费政策后的每天收费情况；第三个透视表行标签为“车型”，列标签为“进场日期”，求和项为“差值”，可以提供收费政策调整后每天的收费变化情况。

习题 13.3.4

为了完善中国特色现代企业制度，健全资金监管制度，加快产品优化和结构调整，促进民营企业高质量发展，销售部助理小王需要针对 2012 年和 2013 年的公司产品销售情况进行统计分析，以便制订新的销售计划和工作任务。现在，请按照如下需求完成工作：

（1）打开“Excel_素材. xlsx”文件，将其另存为“Excel. xlsx”，之后所有的操作均在“Excel. xlsx”文件中进行。

（2）在“订单明细”工作表中，删除订单编号重复的记录（保留第一次出现的那条记录），但须保持原订单明细的记录顺序。

（3）在“订单明细”工作表的“单价”列中，利用 VLOOKUP 公式计算并填写相对应图书的单价金额（图书名称与图书单价的对应关系可参考工作表“图书定价”）。

（4）如果每订单的图书销量超过 40 本（含 40 本），则按照图书单价的九三折进行销售；否则按照图书单价的原价进行销售。按照此规则，计算并填写“订单明细”工作表中每笔订单的“销售额小计”，保留两位小数。要求该工作表中的金额以显示精度参与后续的统计计算。

（5）根据“订单明细”工作表的“发货地址”列信息，并参考“城市对照”工作表中省市与销售区域的对应关系，计算并填写“订单明细”工作表中每笔订单的“所属区域”。

（6）根据“订单明细”工作表中的销售记录，分别创建名为“北区”“南区”“西区”和“东区”的工作表，这 4 个工作表中分别统计本销售区域各类图书的累计销售金额，统计格式请参考“Excel_素材. xlsx”文件中的“统计样例”工作表。将这 4 个工作表中的金额设置为带千分位的、保留两位小数的数值格式。

（7）在“统计报告”工作表中，分别根据“统计项目”列的描述，计算并填写所对应的“统计数据”单元格中的信息。

13.4 Excel 综合练习参考答案

习题 13.3.1 参考答案

（1）解题步骤。

① 启动素材库中对应编号文件夹下的“Excel. xlsx”。

② 双击“sheet1”工作表名，待“sheet1”呈编辑状态后输入“销售情况”即可，按照同样的方式将“sheet2”命名为“图书定价”。

(2) 解题步骤。

① 在“销售情况”工作表中，选中“销量(本)”所在的列，单击鼠标右键，在弹出的列表中选择“插入”命令。

② 工作表中随即出现新插入的一列。

③ 选中 F2 单元格，输入“单价”二字。

(3) 解题步骤。

① 在“销售情况”工作表中选中 A1:H1 单元格，右击，在弹出的下拉列表中选择“设置单元格格式”命令，弹出“设置单元格格式”对话框。在“对齐”选项卡下的“文本控制”组中，勾选“合并单元格”复选框；在“文本对齐方式”组的“水平对齐”选项下选择“居中”，而后单击“确定”按钮即可。

② 按照同样的方式打开“设置单元格格式”对话框，切换至“字体”选项卡，在“字体”下拉列表中选择一种合适的字体，此处选择“微软雅黑”。在“字号”下拉列表中选择一种合适的字号，此处选择“16”。在“颜色”下拉列表中选择合适的颜色，此处选择“标准色”中的“蓝色”，单击“确定”按钮。

③ 将光标置于数据区域任一位置，按“Ctrl＋A”组合键选中整个数据区域，在“开始”选项卡下的“对齐方式”组中选择合适的对齐方式，此处选择“居中”。

④ 同时选中“单价”和“小计”列，右击，在弹出的下拉列表中选择“设置单元格格式”命令，弹出“设置单元格格式”对话框。切换至“数字”选项卡，在“分类”下拉列表中选择“数值”，在右侧的小数位数微调框中输入“2”，设置完毕后单击“确定”按钮即可。

(4) 解题步骤。

① 在“销售情况”工作表的 F3 单元格中输入“＝VLOOKUP(D3,图书定价！ $A$3:$C$19,3,FALSE)”，按 Enter 键确认，然后向下填充公式到最后一个数据行。

② 在“销售情况”工作表的 H3 单元格中输入“＝F3 * G3”，按 Enter 键确认，然后向下填充公式到最后一个数据行。

(5) 解题步骤。

① 在“销售情况”工作表中选中数据区域，在“插入”选项卡下的“表格”组中单击“数据透视表”按钮，打开“创建数据透视表”对话框，在“选择放置数据透视表的位置”选择“新工作表”单选按钮。

② 单击“确定”按钮后即可看到实际效果。

③ 双击“Sheet1”，重命名为“数据透视分析”。

④ 将鼠标放置于“书店名称”上，待鼠标箭头变为双向十字箭头后拖动鼠标到“列标签”中，按照同样的方式拖动“日期”和“图书名称”到“行标签”中，拖动“小计”至“数值”中。

(6) 解题步骤。

① 选中该书店销售额小计，单击“开始”选项卡下“图表”组中的“柱形图”按钮，在弹出的下拉列表中选择“簇状柱形图”命令。

② 在“数据透视图”中单击“书店名称”右侧下三角按钮，在下拉列表中只选择该书店复

选框。

③ 单击“确定”按钮。

（7）解题步骤。

单击“保存”按钮，保存“Excel.xlsx”文件。

习题 13.3.2

（1）解题步骤。

① 打开考生文件夹下的“开支明细表.xlsx”素材文件。

② 选择“小赵美好生活”工作表，在工作表中选择“A1:M1”单元格，切换到“开始”选项卡，单击“对齐方式”下的“合并后居中”按钮，输入“小赵 2013 年开支明细表”文字，按 Enter 键完成输入。

（2）解题步骤。

① 选择工作表标签，右击，在弹出的快捷菜单中选择“工作表标签颜色”，为工作表标签添加“橙色”主题。

② 选择“A1:M1”单元格，将“字号”设置为“18”，将“行高”设置为“35”，将“列宽”设置为“16”。选择“A2:M15”单元格，将“字号”设置为“12”，将“行高”设置为“18”，“列宽”设置为“16”。

③ 选择“A2:M15”单元格，切换到“开始”选项卡，在“对齐方式”选项组中单击对话框启动器按钮，弹出“设置单元格格式”对话框，切换到“对齐”选项卡，将“水平对齐”设置为“居中”。

④ 切换到“边框”选项卡，选择默认线条样式，将颜色设置为“标准色”中的“深蓝”，在“预置”选项组中单击“外边框”和“内部”按钮。

⑤ 切换到“填充”选项卡，选择一种背景颜色，单击“确定”按钮。

（3）解题步骤。

选择 B3:M15，在选定内容上右击，在弹出的快捷菜单中选择“设置单元格格式”，弹出“设置单元格格式”对话框，切换至“数字”选项卡，在“分类”下选择“货币”，将“小数位数”设置为 0，确定“货币符号”为人民币符号(默认就是)，单击“确定”按钮即可。

（4）解题步骤。

① 选择 M3 单元格，输入“=SUM(B3:L3)”后按 Enter 键确认，拖动 M3 单元格的填充柄填充至 M15 单元格；选择 B3 单元格，输入“=AVERAGE(B3:B14)”后按 Enter 键确认，拖动 B15 单元格的填充柄填充至 L15 单元格。

② 选择“A2:M14”，切换至“数据”选项卡，在“排序和筛选”选项组中单击“排序”按钮，弹出“排序”对话框，在“主要关键字”中选择“总支出”，在“次序”中选择“升序”，单击“确定”按钮。

（5）解题步骤。

① 选择“B3:L14”单元格，切换至“开始”选项卡，单击“样式”选项组下的“条件格式”下拉按钮，在下拉列表中选择“突出显示单元格规则”→“大于”，在“为大于以下值的单元格设置格式”文本框中输入“1000”，使用默认设置“浅红填充色深红色文本”，单击“确定”按钮。

② 选择“M3:M14”单元格，切换至“开始”选项卡，单击“样式”选项组下的“条件格式”下拉按钮，在弹出的下拉列表中选择“突出显示单元格规则”→“大于”，在“为大于以下值的

单元格设置格式”文本框中输入“=$M$15*110%”,设置颜色为“黄填充色深黄色文本”,单击“确定”按钮。

(6) 解题步骤。

① 选择B列,鼠标定位在列号上右击,在弹出的快捷菜单中选择“插入”按钮,选择B2单元格,输入文本“季度”。

② 选择B3单元格,输入“=INT(1+(MONTH(A3)-1)/3)&“季度””,按Enter键确认,拖动B3单元格的填充柄将其填充至B14单元格。

(7) 解题步骤。

① 在“小赵的美好生活”工作表标签处右击,在弹出的快捷菜单中选择“移动或复制”,勾选“建立副本”,选择“(移至最后)”,单击“确定”按钮。

② 在“小赵的美好生活(2)”标签处右击,在弹出的快捷菜单中选择工作表标签颜色,为工作表标签添加“红色”主题。

③ 在“小赵的美好生活(2)”标签处右击选择“重命名”,输入文本“按季度汇总”;选择“按季度汇总”工作表的第15行,鼠标定位在行号处,右击,在弹出的快捷菜单中选择“删除”按钮。

(8) 解题步骤。

选择“按季度汇总”工作表的“A2:N14”单元格,切换至“数据”选项卡,选择“分级显示”选项组下的“分类汇总”按钮,弹出“分类汇总”对话框,在“分类字段”中选择“季度”,在“汇总方式”中选择“平均值”,在“选定汇总项中”不勾选“年月”“季度”“总支出”,其余全选,单击“确定”按钮。

(9) 解题步骤。

① 单击“按季度汇总”工作表左侧的标签数字“2”(在全选按钮左侧)。

② 选择“B2:M24”单元格,切换至“插入”选项卡,在“图表”选项组中单击“折线图”下拉按钮,在弹出的下拉列表中选择“带数据标记的折线图”。

③ 选择图表,切换至“图表工具”下的“设计”选项卡,选择“数据”选项组中的“切换行/列”,使图例为各个季度。

④ 在图表上右击,在弹出的快捷菜单中选择“移动图表”,弹出“移动图表”对话框,选中“新工作表”按钮,输入工作表名称“折线图”,单击“确定”按钮。

⑤ 选择“折线图”工作表标签,右击,在弹出的快捷菜单中选择“工作表标签颜色”,为工作表标签添加“蓝色”主题,在标签处右击选择“移动或复制”按钮,在弹出的“移动或复制工作表”对话框中勾选“移至最后”复选框,单击“确定”按钮。保存工作表“开支明细表.xlsx”。

习题 13.3.3

(1) 解题步骤。

① 启动Microsoft Excel 2016软件,打开素材库中对应编号文件夹下的“素材.xlsx”文件。

② 将文档另存为到素材所在文件夹下,将其命名为“停车场收费政策调整情况分析.xlsx”,

(2) 解题步骤。

① 首先选中E、K、L、M列单元格,切换至“开始”选项卡,在“数字”选项组中单击右侧

的对话框启动器按钮，打开“设置单元格格式”对话框，在“数字”选项卡的“分类”中选择“数值”，在“小数点位数”的右侧输入“2”，单击“确定”按钮。

② 选择“停车收费记录”表中的 E2 单元格，输入“=VLOOKUP(C2,收费标准！A$3:B$5,2,0)”，然后按 Enter 键，即可完成运算，然后向下拖动将数据进行填充。

③ 首先选中 J 列单元格，然后切换至“开始”选项卡，单击“数字”选项组中的对话框启动器按钮，打开“设置单元格格式”对话框，在“分类”选项组中选择“时间”，将“时间”类型设置为“××时××分”，单击“确定”按钮。

④ 计算停放时间，首先利用 DATEDIF 计算日期的差值乘以 24，然后加上进场时间和出场时间的差值，即在 J2 单元格中输入“=DATEDIF(F2,H2,“D”) * 24+(I2-G2)”，并向下拖动将数据进行填充。

(3) 解题步骤。

① 计算收费金额，在 K2 单元格中输入公式“=E2 * (TRUNC((HOUR(J2) * 60+MINUTE(J2))/15)+1)”，并向下自动填充单元格。

② 计算拟收费金额，在 L2 单元格中输入公式“=E2 * TRUNC((HOUR(J2) * 60+MINUTE(J2))/15)”，并向下自动填充单元格。

③ 计算差值，在 M2 单元格中输入公式“=K2-L2”，并向下自动填充单元格。

(4) 解题步骤。

① 选择“A1:M550”单元格区域，切换至“开始”选项卡，单击“样式”选项组中“套用表格格式”的下拉按钮，在下拉样式选项中选择“表样式中等深浅 12”。

② 选择 K551 单元格，输入公式“=sum(k2:k550)”或“=SUM([收费金额])”，然后按 Enter 键，即可完成求和运算。

③ 选择 K551 单元格，使用复制公式然后完成 L551. M551 单元格的求和运算。

(5) 解题步骤。

① 首先选择“收费金额”列单元格，然后切换至“开始”选项卡，选择“样式”选项组中的“条件格式”下拉按钮，在弹出的下拉列表中选择“突出显示单元格规则”→“大于”按钮。

② 在打开的“大于”对话框中，将“数值”设置为“100”，单击“设置为”右侧的下三角按钮，在弹出的下拉列表中选择“自定义格式”。

③ 在弹出的“设置单元格格式”对话框中，切换至“字体”选项卡，将颜色设置为“红色”。

④ 切换至“填充”选项卡，将“背景颜色”设置为“黄色”，单击“确定”按钮；返回到“大于”对话框，再次单击“确定”按钮。

(6) 解题步骤。

① 选择“停车收费记录”内“C2:M550”单元格区域内容。

② 切换至“插入”选项卡，单击“表格”下的“数据透视表”按钮，弹出“创建数据透视表”对话框，单击“确定”按钮后，进入数据透视表设计窗口。

③ 在“数据透视表字段列表”中拖动“车型”到行标签处，拖动“进场日期”到列标签，拖动“收费金额”到数值区；将表置于现工作表 A3 为起点的单元格区域内。

④ 同样的方法得到第二和第三个数据透视表。第二个透视表的行标签为“车型”，列标签为“进场日期”，数值项为“拟收费金额”，可以提供调整收费政策后的每天收费情况；第三个透视表行标签为“车型”，列标签为“进场日期”，数值项为“差值”，可以提供收费政策调整

后每天的收费变化情况。

习题 13.3.4

(1) 解题步骤。

启动 Microsoft Excel 2016 软件,打开素材库中对应编号文件夹下的“Excel 素材. xlsx”文件,将其另存为“Excel. xlsx”。

(2) 解题步骤。

在“订单明细”工作表中按“Ctrl+A”组合键选择所有表格,切换至“数据”选项卡,单击“数据工具”选项组中的“删除重复项”按钮,在弹出对话框中单击全选,单击“确定”按钮。

(3) 解题步骤。

在“订单明细”工作表 E3 单元格输入“=VLOOKUP([@图书名称],表 2,2,0)”,按 Enter 键计算结果,并拖动填充柄向下自动填充单元格。

(4) 解题步骤。

在“订单明细”工作表 I3 单元格输入“=IF([@销量(本)]>=40,[@单价]*[@销量(本)]*0.93,[@单价]*[@销量(本)])”,按 Enter 键计算结果,并拖动填充柄向下自动填充单元格。

(5) 解题步骤。

在“订单明细”工作表的 H3 单元格中,输入“=VLOOKUP(MID([@发货地址],1,3),表 3,2,0)”,按 Enter 键计算结果,并拖动填充柄向下自动填充单元格。

(6) 解题步骤。

① 单击“插入工作表”按钮,分别创建 4 个新的工作表。移动工作表到“统计样例”工作表前,分别重命名为“北区”“南区”“西区”和“东区”。

② 在“北区”工作表中,切换至“插入”选项卡,单击“表格”选项组中的“数据透视表”下拉按钮,在弹出的“创建数据透视表”对话框中,勾选“选择一个表或区域”单选按钮,在“表/区域”中输入“表 1”,位置为“现有工作表”,单击“确定”按钮。

③ 将“图书名称”拖拽至“行标签”,将“所属区域”拖拽至“列标签”,将“销售额小计”拖拽至“数值”。展开列标签,取消勾选“北区”外其他 3 个区,单击“确定”按钮。

④ 切换至“数据透视表工具”→“设计”选项卡,在“布局”选项组中,单击“总计”按钮,在弹出的下拉列表中单击“仅对列启用”;单击“报表布局”按钮,在弹出的下拉列表中选择“以大纲形式显示”。

⑤ 选中数据区域 B 列,切换到“开始”选项卡,单击“数字”选项组的对话框启动器按钮,在弹出的“设置单元格格式”对话框中选择“分类”组中的“数值”,勾选“使用千分位分隔符”,“小数位数”设为“2”,单击“确定”按钮。

⑥ 按以上方法分别完成“南区”“西区”和“东区”工作表的设置。

(7) 解题步骤。

① 在“统计报告”工作表 B3 单元格输入“=SUMIFS(表 1[销售额小计],表 1[日期],“>=2013-1-1”,表 1[日期],“<=2013-12-31”)”,然后选择“B4:B7”单元格,按 Delete 键删除。

② 在“统计报告”工作表 B4 单元格输入“=SUMIFS(表 1[销售额小计],表 1[图书名称],订单明细! D7,表 1[日期],“>=2012-1-1”,表 1[日期],“<=2012-12-31”)”。

③ 在“统计报告”工作表 B5 单元格输入“＝SUMIFS(表 1[销售额小计],表 1[书店名称],订单明细！C14,表 1[日期],“＞＝2013-7-1”,表 1[日期],“＜＝2013-9-30”)”。

④ 在“统计报告”工作表 B6 单元格输入“＝SUMIFS(表 1[销售额小计],表 1[书店名称],订单明细！C14,表 1[日期],“＞＝2012-1-1”,表 1[日期],“＜＝2012-12-31”)/12”。

⑤ 在“统计报告”工作表 B7 单元格输入“＝SUMIFS(表 1[销售额小计],表 1[书店名称],订单明细！C14,表 1[日期],“＞＝2013-1-1”,表 1[日期],“＜＝2013-12-31”)/SUMIFS(表 1[销售额小计],表 1[日期],“＞＝2013-1-1”,表 1[日期],“＜＝2013-12-31”)”,设置数字格式为百分比,保留两位小数。

13.5 PowerPoint 综合练习

习题 13.5.1

为了推进习近平新时代中国特色社会主义思想进教材进课堂、进头脑,引导学生了解世情国情党情民情,科学合理拓展专业课程的广度、深度和温度,更好地控制教材编写的内容、质量和流程,小李负责起草了图书策划方案。他将图书策划方案 Word 文档中的内容制作成了可以向教材编委会进行展示的 PowerPoint 演示文稿。

现在,请根据已制作好的演示文稿“图书策划方案.pptx”,完成下列要求:

(1) 为演示文稿应用一个美观的主题样式。

(2) 将演示文稿中的第一页幻灯片,调整为“仅标题”版式,并调整标题到适当的位置。

(3) 在标题为“2012 年同类图书销量统计”的幻灯片页中,插入一个 6 行、6 列的表格,列标题分别为“图书名称”“出版社”“出版日期”“作者”“定价”“销量”。

(4) 为演示文稿设置不少于 3 种幻灯片切换方式。

(5) 在该演示文稿中创建一个演示方案,该演示方案包含第 1、3、4、6 页幻灯片,并将该演示方案命名为“放映方案 1”。

(6) 演示文稿播放的全程需要有背景音乐。

(7) 保存制作完成的演示文稿,并将其命名为“PowerPoint.pptx”。

习题 13.5.2

请根据提供的“PPT 素材及设计要求.docx”设计制作演示文稿,并以文件名“PPT.PPTX”存盘,具体要求如下:

(1) 演示文稿中需包含 6 页幻灯片,每页幻灯片的内容与“PPT 素材及设计要求.docx”文件中的序号内容相对应,并为演示文稿选择一种内置主题。

(2) 设置第 1 页幻灯片为标题幻灯片,标题为“学习型社会的学习理念”,副标题包含制作单位“计算机教研室”和制作日期(格式:××××年××月××日)内容。

(3) 设置第 3、4、5 页幻灯片为不同版式,并根据文件“PPT 素材及设计要求.docx”内容将其所有文字布局到各对应幻灯片中,第 4 页幻灯片需包含所指定的图片。

(4) 根据“PPT 素材及设计要求.docx”文件中的动画类别提示设计演示文稿中的动画效果,并保证各幻灯片中的动画效果先后顺序合理。

(5) 在幻灯片中突出显示“PPT 素材及设计要求.docx”文件中重点内容(素材中加粗部分),包括字体、字号、颜色等。

(6) 第2页幻灯片作为目录页,采用垂直框列表SmartArt图形表示“PPT素材及设计要求.docx”文件中要介绍的三项内容,并为每项内容设置超级链接,单击各链接时跳转到相应幻灯片。

(7) 设置第6页幻灯片为空白版式,并修改该页幻灯片背景为纯色填充。

(8) 在第6页幻灯片中插入包含文字为“结束”的艺术字,并设置其动画动作路径为圆形形状。

习题13.5.3

产品创新升级是强国战略的组成部分,为弘扬以改革创新为核心的时代精神,某公司产品升级换代后达到了国际先进水平,在某展会的产品展示区,公司计划在大屏幕投影上向来宾自动播放并展示产品信息,因此需要市场部助理小王完善产品宣传文稿的演示内容。按照如下需求,在PowerPoint中完成制作工作:

(1) 打开素材文件“PowerPoint_素材.PPTX”,将其另存为“PowerPoint.PPTX”,之后所有的操作均在“PowerPoint.PPTX”文件中进行。

(2) 将演示文稿中的所有中文文字字体由“宋体”替换为“微软雅黑”。

(3) 为了布局美观,将第2张幻灯片中的内容区域文字转换为“基本维恩图”SmartArt布局,更改SmartArt的颜色,并设置该SmartArt样式为“强烈效果”。

(4) 为上述SmartArt图形设置由幻灯片中心进行“缩放”的进入动画效果,并要求自上一动画开始之后自动、逐个展示SmartArt中的3点产品特性文字。

(5) 为演示文稿中的所有幻灯片设置不同的切换效果。

(6) 将考试文件夹中的声音文件“BackMusic.mid”作为该演示文稿的背景音乐,并要求在幻灯片放映时即开始播放,至演示结束后停止。

(7) 为演示文稿最后一页幻灯片右下角的图形添加指向网址“www.microsoft.com”的超链接。

(8) 为演示文稿创建3个节,其中“开始”节中包含第1张幻灯片,“更多信息”节中包含最后1张幻灯片,其余幻灯片均包含在“产品特性”节中。

(9) 为了实现幻灯片可以在展台自动放映,设置每张幻灯片的自动放映时间为10秒钟。

13.6 PowerPoint综合练习参考答案

习题13.5.1参考答案

(1) 解题步骤。

① 打开素材库中对应编号文件夹下的“图书策划方案.PPTX”。

② 在“设计”选项卡下的“主题”组中,单击“其他”下拉按钮,在弹出的下拉列表中选择“凤舞九天”。

(2) 解题步骤。

① 选中第一张幻灯片,在“开始”功能区的“幻灯片”分组中,单击“版式”下拉按钮,在弹出的下拉列表中选择“仅标题”选项。

② 拖动标题到恰当位置。

(3) 解题步骤。

① 依据题意选中第 7 张幻灯片,单击“单击此处添加文本”占位符中的“插入表格”按钮,弹出“插入表格”对话框。在“列数”微调框中输入“6”,在“行数”微调框中输入“6”,然后单击“确定”按钮即可在幻灯片中插入一个 6 行、6 列的表格。

② 在表格第一行中分别依次输入列标题“图书名称”“出版社”“出版日期”“作者”“定价”“销量”。

(4) 解题步骤。

① 选中第二张幻灯片文本,在“切换”功能区的“切换到此幻灯片”分组中,单击“其他”下拉三角按钮,在弹出的下拉列表中选择“百叶窗”选项。

② 选中第四张幻灯片文本,在“切换”功能区的“切换到此幻灯片”分组中,单击“其他”下拉三角按钮,在弹出的下拉列表中选择“涟漪”选项。

③ 选中第六张幻灯片文本,在“切换”功能区的“切换到此幻灯片”分组中,单击“其他”下拉三角按钮,在弹出的下拉列表中选择“涡流”选项。

(5) 解题步骤。

① 单击“幻灯片放映”选项卡下“开始放映幻灯片”组中的“自定义幻灯片放映”下三角按钮,在下拉列表中选择“自定义放映”,弹出“自定义放映”对话框。

② 单击“新建”按钮,弹出“定义自定义放映”对话框,在“幻灯片放映名称”文本框中输入“放映方案 1”,从左侧的“在演示文稿中的幻灯片”中选择幻灯片 1、3、4、6,添加到“在自定义放映中的幻灯片”中。

③ 单击“确定”按钮后重新返回到“自定义放映”对话框中。

④ 单击“放映”按钮即可放映“放映方案 1”。

(6) 解题步骤。

① 设置背景音乐。选中第一张幻灯片,在“插入”选项卡下“媒体”组中单击“音频”下拉按钮,弹出“插入音频”对话框;选择素材中的音频“月光”后单击“插入”即可设置成功。

② 在“音频工具”中的“播放”选项卡下,单击“音频选项”组中“开始”右侧的下拉按钮,在其中选择“跨幻灯片播放”,并勾选“放映时隐藏”复选框即可在演示的时候全程自动播放背景音乐。

(7) 解题步骤。

单击“文件”选项卡下的“另存为”按钮将制作完成的演示文稿保存为“PowerPoint.pptx”文件。

习题 13.5.2 参考答案

(1) 解题步骤。

① 打开素材库中对应编号文件夹下的“PPT 素材及设计要求.docx”素材文件。

② 启动 Microsoft PowerPoint 2016 软件,自动新建一个空白文档。

③ 切换至“设计”选项卡,在“主题”选项组中选择暗香扑面主题。按“Ctrl+M”组合键新建幻灯片,使幻灯片数量为 6 张。

(2) 解题步骤。

选择第 1 张幻灯片,切换至“开始”选项卡,单击“幻灯片”选项组中的“版式”下拉按钮,在弹出的下拉列表中选择“标题幻灯片”,在标题处输入文本“学习型社会的学习理念”,在副标题处输入文本“计算机教研室”和“××××年××月××日”。

(3) 解题步骤。

按上述同样的方式对第3、4、5张幻灯片的版式进行设计。设置第3张幻灯片板式为“标题和内容”,第4张幻灯片版式为“比较”,第5张幻灯片版式为“内容与标题”,分别将“PPT素材及设计要求.docx”中对应的文字图片复制到第3、4、5张幻灯片中,并设置合适的字体字号。

(4) 解题步骤。

① 根据“PPT素材及设计要求.docx”中的动画说明,选择演示文稿相应的文本框对象,切换至“动画”选项卡,在动画选项组中选择相应的动画效果。

② 选中第3张幻灯片中的“知识的更新速率……”文本框,单击“动画”选项卡下动画选项组的“其他”下拉按钮,在弹出的列表中选中“退出”组中的“淡出”。

③ 其他动画均参照上述方法设置。

(5) 解题步骤。

对照“PPT素材及设计要求.docx”中加粗文字,选定演示文稿中的相关文字,切换至“开始”选项卡,在“字体”选项组中设置与默认“字”“字号”“颜色”不同的“字体”“字号”“颜色”。

(6) 解题步骤。

① 选定第2张幻灯片,切换至“插入”选项卡,单击“插图”选项组中的“SmartArt”按钮,在弹出的对话框中选择“列表”→“垂直框列表”。

② 分别按“PPT素材及设计要求.docx”中的要求输入相应文本,分别选择“一、现代社会知识更新的特点”“二、现代文盲——功能性文盲”“三、学习的三重目的”文本框,切换至“插入”选项卡,单击“链接”选项组中的“超链接”按钮,选择“本文档中的位置”,分别单击链接目标为“幻灯片3”“幻灯片4”“幻灯片5”。

(7) 解题步骤。

① 选择第6张幻灯片,切换至“开始”选项卡,在“幻灯片”选项组中,选择“版式”下的“空白”选项。

② 在幻灯片上右击,在弹出的快捷菜单中选择“设置背景格式”,在弹出的对话框中选择“填充”,在填充下选择“纯色填充”单选按钮,将“颜色”设为与主题相应的颜色,然后单击“关闭”按钮,关闭对话框。

(8) 解题步骤。

① 选定第6张幻灯片,切换至“插入”选项卡,单击“文本”选项组中的“艺术字”下拉按钮,在下拉列表中任意一种艺术字样式,输入文本“结束”。

② 选定艺术字对象,切换至“动画”选项卡,在“动画”选项组中选择“动作路径”下的“形状”(圆形样)按钮,并适当调整路径的大小。

习题13.5.3 参考答案

(1) 解题步骤。

启动 Microsoft PowerPoint 2016 软件,打开素材库中对应编号文件夹下的“PowerPoint_素材.PPTX”素材文件,将其另存为“PowerPoint.PPTX”。

(2) 解题步骤。

选中第1张幻灯片,按“Ctrl+A”组合键选中所有文字,切换至“开始”选项卡,将字体设置为“微软雅黑”，使用同样的方法为每张幻灯片修改字体。

(3) 解题步骤。

① 切换到第 2 张幻灯片，选择内容文本框中的文字，切换至“开始”选项卡“段落”选项组中，单击转换为“SmartArt 图形”按钮，在弹出的下拉列表中选择“基本维恩图”。

② 切换至“SmartArt 工具”下的“设计”选项卡，单击“SmartArt 样式”选项组中的“更改颜色”按钮，选择一种颜色，在“SmartArt 样式”选项组中选择“强烈效果”样式，使其保持美观。

(4) 解题步骤。

① 选中 SmartArt 图形，切换至“动画”选项卡，选择“动画”选项组中“进入”选项组中“缩放”效果。

② 单击“效果选项”下拉按钮，在其下拉列表中，选择“消失点”中的“幻灯片中心”“序列”设为“逐个”。

③ 单击“计时”组中“开始”右侧的下拉按钮，选择“上一动画之后”。

(5) 解题步骤。

① 选择第一张幻灯片，切换至“切换”选项卡，为幻灯片选择一种切换效果。

② 用相同方式设置其他幻灯片，保证切换效果不同即可。

(6) 解题步骤。

① 选择第一张幻灯片，切换至“插入”选项卡，选择“媒体”选项组的“音频”下拉按钮，在其下拉列表中选择“文件中的音频”选项，选择素材文件夹下的“BackMusic.. MID”音频文件。

② 选中音频按钮，切换至“音频工具”下的“播放”选项卡中，在“音频选项”选项组中，将开始设置为“跨幻灯片播放”，勾选“循环播放直到停止”“播完返回开头”和“放映时隐藏”复选框，最后适当调整位置。

(7) 解题步骤。

选择最后一张幻灯片的箭头图片，右击，在弹出的快捷菜单中选择“超链接”命令。弹出“插入超链接”对话框，选择“现有文件或网页”选项，在“地址”后的输入栏中输入“www. microsoft. com”并单击“确定”按钮。

(8) 解题步骤。

① 选中第 1 张幻灯片，右击，在弹出的快捷菜单中选择“新增节”，这时就会出现一个无标题节，选中节名，右击，在弹出的快捷菜单中选择“重命名节”，将节重命名为“开始”，单击“重命名”即可。

② 选中第 2 张幻灯片，右击，在弹出的快捷菜单中选择“新增节”命令，这时就会出现一个无标题节，右击，在弹出的快捷菜单中选择“重命名节”，将节重命名为“产品特性”，单击“重命名”即可。

③ 选中第 6 张幻灯片，按同样的方式设置第 3 节为“更多信息”。

(9) 解题步骤。

切换至“切换”选项卡，选择“计时”选项组，勾选“设置自动换片时间”，并将自动换片时间设置为 10 秒，单击“全部应用”按钮。